为了人与书的相遇

建筑改变日本

〔日〕**伊东丰雄** 著

寇佳意 译

西苑出版社
XIYUAN PUBLISHING HOUSE

前言

在东日本大地震过去一年半后的 2012 年秋季，我所著的《那天之后的建筑》一书出版问世。在目睹被巨大的海啸瞬间冲毁的东北地区的城镇与村落的光景之后，我在书中以一名建筑师的立场，表达了针对长年开展的现代主义建筑的功过得失必须有所作为的观点。

在那之后又经过了四年的时间。在此期间，历经十年岁月的台中歌剧院，以及在大地震前后开始的"大家的森林·岐阜媒体中心"项目宣告完工，而在松本、水户与濑户内大三岛等地的建设项目也在推进之中。在进行这些工作的过程中，起初被我漠视的有关"都市型建筑的终结"的想法也逐渐得到了确立。

其原因在于，我感到在东京、北京、上海、香港、新加坡、纽约、迪拜这些巨大都市（大都会）之中，建筑已然沦为了将无形的巨大资本流动可视化的装置，建筑师与一般市民脱离，不过是作为部分大型资本的帮凶而存在的建筑表现者而已。

与此同时，我通过与东北地区的受灾者，以及生活在地方的有缘之人的相逢，意识到只有在人与自然成为一体，并保持着基本生活需求的地方之中，才蕴藏着巨大的希望。

然而即使尚未到达东京严重的程度，地方也正经受着资本运作导致的都市化浪潮的冲击。当地独有的自然与文化、街景与共同体正以令人震惊的势头遭受破坏，向着被玻璃包裹的高楼与公寓、大型购物中心变化。

现在，已到了不得不暂时停下脚步，思考与都市不同的城市与建筑建设思路的时候。而这也正是我在本书中频繁使用"都市"与"地方"等词汇的背景与原因。

近几年备受世界瞩目的建设项目非"新国立竞技场"莫属。我分别参加了于2012年进行的"新国立竞技场概念设计国际设计竞赛"，以及2014年以公开招标的形式进行的设计方案公募。其原委即众所周知的，于2012年获得第一名的扎哈·哈迪德的方案后因预算与工期等问题被否决，政府再次就更加切合实际的设计方案进行公募这一史无前例的事态。

我再次对这个项目的设计竞赛进行挑战的最主要动机在于，前文所述存在于日本国内的地方的都市化（东京化）模式，正在新国立竞技场项目中重演。

也就是说，即使在东京这样的都市之中，面对即将在具有特别的历史与丰富的公共空间的神宫外苑，建设仅重视经济效率，并用"与周围环境相协调以及日本特色"等粗浅概念粉饰的巨大建筑这一现实，必须有人挺身而出并与之抗争的想法在我的心中激荡。

　　遗憾的是，我们的团队最终在竞标中败北。不过，我还是通过人们对扎哈的方案的反应与意见，感到了尚存于巨大都市东京之中的一丝希望。如同本文中所述的一样，大批人再度将注意力转向了东京的自然、历史、文化与社区以找寻其价值。我认为扎哈的方案无异于是对这些人们的心灵世界的粗暴践踏。东京这座都市，已经被名为大型资本的引擎搅动，这是建筑师无论如何以一己之力也难以撼动的局面。

　　如今，我希望可以将地方作为立足点找寻建筑的意义，从而拓展未来的可能性。

目　录

第五章　由市民决策的市民建筑

第一章　都市型建筑时代的终结

对都市东京的思考

近一段时间，如果在首都高速上开车行驶，你会被接二连三冒出的新建高楼震惊。东京正以惊人的势头向高层化的方向发展，就连我家附近的木造独栋住宅和低层公寓（アパート）[1]，也在难以察觉的转瞬之间被拆除，取而代之的是高层公寓（マンション）[2] 的施工建设。

每当清晨我在家周围散步，发现已难寻那些为自家门前的盆栽浇水，或是洒扫街道的老人们的身影时，都禁不住去想：他们如今都在哪里，过着怎样的生活。

2001 年 3 月 11 日，那场大地震发生的时候，我正在东京办公楼的四层工作。受到突如其来的强烈摇晃的惊吓，我拼命奔下楼梯，同雇员们一起跑到街上避难。我所在的办公楼坐落于涩谷地区，是

[1]　此处原文为日语中外来语"apartment"。在日语语境中一般指木质结构的低层集合住宅，属档次较低的需求型公寓。在此译作低层公寓。——译者注。本书如无另外说明，译者注均为页下注。
[2]　此处原文为日语中外来语"mansion"。在日语语境中一般指钢筋混凝土结构的中、高层集合住宅，属档次较高的改善型公寓。在此译作高层公寓。

一栋躲过了一波又一波高层化浪潮的四层老旧建筑。当我跑到街上抬头仰望时，紧邻的一栋高层公寓正以缓慢的频率大幅度摇摆着。虽然还不至达到倾塌的程度，但光是看到这光景就足以让人极为不适。当时的情形至今仍如同噩梦一般，在我的脑海里挥之不去。如果"三一一大地震"发生在东京的话，当时的我们又会陷入到怎样的危机呢？

　　不仅限于东京，在大都市反复上演的城市更新，基本上都是以20世纪初起源于欧美的理想都市构想为指导而进行的。所谓理想都市构想，就是将低层高密度住宅一扫而空，代之以高层的办公楼及公寓，并在其周围设立绿地与公共广场。比如勒·柯布西耶（Le Corbusier）于1925年提出的巴黎中心区改建设计（瓦赞规划）。将不利于公共卫生与居住者健康的住宅群落改建为高层写字楼与集合住宅，从而使阳光普照、充满绿色的居住环境得到确立，这一光明大道看起来完美无缺，却并未受到巴黎市民们的青睐。比起能被阳光照射到的高层公寓，熟悉的街道历史与环境无疑是居民们更加珍视的要素。

　　东京有着与巴黎极为不同的历史演变，从江户时代起就由具有丰富植被以及近人尺度的街道所构成。将这样的历史完全抹去而推行的高层化运动，绝不能说是一种进化。况且，于改造后的住宅里居住的人们中，几乎找不到原来居民的身影。历经时代变迁沉淀下来的邻里社区，就这样被单方面地消灭殆尽。如此看来，城市更新并非为了居民福祉，仅仅是从一部分企业家的经济利益出发的行为而已。

反复经历上述更新的洗礼后，如今的东京已是丧失了场所性，即地域独有的历史与环境，变成了与世界上其他大都市无二的均质化城市风光。在这座城市的人造环境中工作与居住的人们，受高层化的影响，被生生切断了与土地的联系，也走上了均质化生活的这条不归路。

一言以蔽之，此番空虚的结果，实为受现代主义思想所累。现代主义坚信可以凭技术克服自然条件的限制。遵循这一信念，衍生出"世界中的任一地点均可以建造完全相同的建筑"的理论。这一理论虽然为 20 世纪人口向城市集中提供了切实的解决方案，但当它与全球化经济体系结合后，存在于大都市中过度的均质化，正一味地向着无视人性的道路上前行。有鉴于此，我有了"都市型建筑时代的终结"这一感受。

换句话说，现代主义建筑正立于巨大的十字路口。

为了扭转这一局面，暂时将视线从城市之中转移出来，或许可以找到建筑应有的全新形态。这一强烈想法成为我执笔本书的重要初衷。

我从 1971 年开始设立建筑事务所，在至今的四十五年时间里，作为建筑师持续对"城市"进行着解读。对我而言，东京既是世界上具有最为丰富的亲身体感的城市，又是我绝大部分建筑意象的灵感源泉。

顺便一提，正如我之前所说，我感到东京在这十几年间，在城市意义上对我的吸引力正急剧下降。

接下来，我想先从东京这座城市的形成、变迁，以及未来的发展目标开始进行探讨。

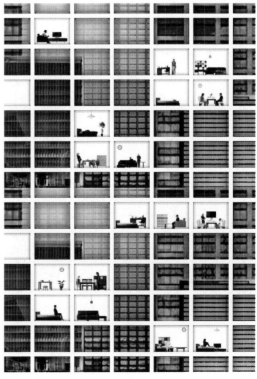

不远的将来，东京的意象

与自然相协调的庭园都市江户

东京成为真正意义上的城市是在江户时期。当时东京（江户）的城市形态，即使在世界范围内也是稀有的。这一点可以从文献与浮世绘的记载中得到佐证。

距今约两百年的 19 世纪初叶，活跃于江户时代后期的浮世绘师锹形蕙斋创作了名为"江户一目图屏风"的著名屏风画。从这幅鸟瞰江户的画作中可以看出，江户这座城市，远眺富士山风景，按照以城为中心，旋涡状环绕其四周布置绿地与水体的规划而建造。绿地中建有大名和武士的宅邸，庶民的房屋设于水边，形成了一种欧洲城市难以企及的，与自然一体化的高品质"庭园都市"。

江户的城市规划巧妙利用了关东沃土层 [1] 这种高地与低地错落的独特地形，是具有相当水准的城市规划设计。现在的东京，基本上仍在遵循江户时期的城市肌理而发展。

建筑史学者阵内秀信所著《东京的空间人类学》（東京の空間

---

[1]　关东地区高地与丘陵上覆盖的火山灰层。土质为红褐色的黏土，干燥后会形成细小颗粒。

人類学）一书中，有着如下描述：

> 江户的选址，可以俯瞰整个武藏野的突出部分——东京湾，同时对于城市环境与景观的创造也具有得天独厚的优势。江户有着壮观的街市规模，巧妙地利用自然地形，对武士、市民、农民等不同阶级的居住区域进行划分，道路、沟渠的建设在强化这一划分的同时又形成了有效的交通体系。

大名与武士阶级在高地区域活用坡道与山谷等变化丰富的自然地形，创造供其居住的城市空间；市民与商人在低洼地区建造由水路与沟渠组成的平民街市。同时，在不同阶级的居住区中，又各自产生出与本阶级生活、文化相呼应的独特生活空间。

与以巴黎、罗马等为代表的欧洲城市不同，江户的房屋并未试图通过坚固的外墙及大门的包裹而与世隔绝。以市民居住的长屋为例，木栅门 [1] 与拉门 [2] 等日本建筑特有构件，使室内外空间融为一

---

[1] 写作"木户"，即木栅栏的开启扇。原意为城塞的出入口，后指街路、庭园、住居等出入口。此处特指江户时期武士宅邸与市民住宅中于围墙或栅栏处设置的木栅门。

[2] 写作"障子"，即纸糊拉门、拉窗。在拼成格子的木框两侧糊上布或纸的门窗，安装于房间之间，或窗、外廊处。具体分类有襖障子、冲立障子、明障子等。

体，室内空间通过檐廊[1]与素土房间[2]等过渡空间向室外延展，使建筑与自然之间保持着亲和的关系。可以想象，江户曾是一座对自然、地形灵活运用，合理地营造和谐美感的城市。

城市与水的和谐关系在平民区得到集中体现。与架设彩虹桥[3]、建造防波堤、林立工厂仓库的东京海岸的乏味相对，江户时期的隅田川等河岸处，是伸手即可触及水面的亲水空间。同时，河川与沟渠的交通机能，也担当了促进物流与商业发展的重要角色。夏季的烟花与游船等多姿多彩的游乐项目，以及戏棚等娱乐设施也常聚集于此，人群自发地在水边开展活动，使这里成为了文化层面上的重要地点。

对水资源的利用成为了在江户的城市建设中不可或缺的要素。事实上如同意大利的威尼斯一样，江户也是可与其比肩的重要水城之一。江户时期的东京，在做着与自然相协调的努力的同时，另一方面也在不经意间成为了高度发达的享乐型都市。

如今，在东京的街市中仍然可以找到江户时期的种种痕迹。如果在港区的居住区中行走，可以发现诸如"新富士见坂"、"狸坂"、

[1] 写作"缘侧"，即外廊、檐廊。在住宅房间外侧，铺狭长地板的部分，与室外庭园连接。
[2] 写作"土间"，即未铺榻榻米或地板的素土地面房间。多见于与室外连接的位置，如玄关、厨房等。
[3] 联结东京都港区芝浦地区与台场地区的悬索桥。于1987年开工，1993年竣工。官方名称为"东京港连络桥"。

"南部坂"等大量"坂"[1]字地名。从地名中可以联想这里曾经"可以看到富士山"、"狸猫经常出没"或是"建有南部藩[2]大名的宅邸"的光景。在城市中游走时只要多加留意，就会发现各种能够唤起江户风情的地名或场所。

　　不过，现在东京的真实情况却是，这些可以感受到旧时光印记的场所和风景正在一个接一个地消失。这种消亡速度极端表现为，每当我从海外出差归来时，都会陷入"原来那栋建筑已经被拆除了啊"或"这块空地之前是做什么的来着"之类的苦思。更令我无法释怀的是，虽然这种急速的消亡已成为日常，自己对住区周围发生的变化却仍浑然不知甚至不闻不问。

---

[1]　意为坡道。多见于地势较高的地区，即江户时期大名与武士居住的区域。

[2]　即盛冈藩。日本江户时代位于东北地方陆奥国的一个藩属领地（相当于现今岩手县中北部及青森县东部），藩主是南部氏。南部藩为俗称。

从奥运会到泡沫经济时期的东京

　　我意识到东京以都市的概念存在是在距今约半个世纪前，于大学学习建筑时的 1964 年。那一年新干线通车，地铁贯通，国道完成整修，在河流与道路上架起的首都高速也已竣工。为了确保奥运会的召开，汇集了日本技术精粹的城市改造工程正以极高的效率在东京推进，举国上下士气高涨。

　　在建筑领域，那是丹下健三[1]主持国立代代木竞技场体育馆的设计工作，全体国民翘首企盼奥运主会场建成的时代。当时的情形，与围绕在本次东京奥运会新国立竞技场的一连串骚动相比，可谓天壤之别。

　　丹下健三在当时虽然是我的大学教授，但因奥运会的缘故极为繁忙，几乎没有在课堂现身。不过，他完成了极为出色的建筑作品，同时向世界展现了日本建筑设计的实力。如今经过半个世纪的时间，人们对前次与本次奥运会表现出的热情差别，是对巨型都市——东京的看法转变的如实体现。

　　日本的现代化进程，在 1964 年东京奥运会至 1970 年大阪世博会这段时间之后，进入了停滞期。进入 1970 年代后，高度经济增长放缓，建筑行业进入了探索建筑新形态的思考期。我在此时成立了自己的小型建筑事务所。

到了 1980 年代，日本再次找回了经济增长的生机。本田、索尼、丰田等企业跻身海外市场并收获成功，加之"广场协议"[2]等政策的影响，1980 年代末期的日本沉浸在泡沫经济带来的空前繁荣之中。与 1960 年代不同的是，城市开发的主导权由国家转移至民间。

我至今对泡沫经济时期东京的面貌留有很深的印象。究其原因，是那时的东京正从由民间主导的富有个性的中小规模城市改造中找回活力，满怀吐故纳新的气概憧憬着全新的未来。虽然今天人们对泡沫经济普遍抱有负面评价，但从文化层面来看，却并非只收获了恶果。换个角度讲，那时的人们不仅对资本主义制度充满信心，而且也确实经营出比现在更为健全的资本主义市场。

同现在的中东国家与中国一样，日本吸引了众多当时世界上的先锋建筑师与设计师参与诸如餐厅、酒店等大量建设项目的设计。例如，于伦敦的 AA 建筑学院执教的建筑师奈杰尔·科茨（Nigel Coates）设计的洋溢着复古气息的餐厅[1]，曾一度成为话题。同他身穿短裤在伦敦街头骑车闲游等怪诞举止一样，科茨发表的多件作品

---

[1]　位于北海道札幌市内名为诺亚方舟（ノアの箱船）的餐厅，于 1988 年竣工。

所引起的讨论与关注，使他在建筑界成为了英雄般的存在。我同他在东京一起参加工作营的过程中，思想上受到了很多冲击。还有意大利设计大师埃托·索特萨斯（Ettore Sottsass）[3] 设计的家具与灯具的发售，仓俣史郎[4] 设计的商店与咖啡厅接连开业等事件，均产生了广泛的话题。

都市游牧民的居所

我于 1986 年设计了位于六本木的一家名为"游牧民"的餐厅。虽然这是一家只有一年半经营周期的临时餐厅，但正因为这种短命的存在，使得具有实验性质的建筑设计有了施展的空间。这个项目的业主是一家小型开发商，虽然资历不深却很有冲劲。"制定策略时，如果认为资金是握在自己手里的东西，那么在半途就会遭遇失败。资金如同水流一样，无时无刻不在流动着。如果不使其保持从左手流入再从右手流出的状态的话，是无法获得利润的。"业主当年说的这番话，真是参悟到了资本主义的根本所在，时至今日仍令我记忆犹新。

另一个更为极端的例子是，某个建筑师在原宿设计的建筑，因竣工后土地被瞬间卖掉，致使建筑根本未曾使用就迎来了被拆除的悲惨结局。那时正是泡沫经济最为疯狂的时候，地价与股价飞涨。与建筑相比，土地价值占有压倒性的比重，为了卖地而设计建筑这种荒诞的事情，每天都在上演，是个宛如发烧烧坏了头脑一般的时代。我的每个晚上，也都是在酒后闲逛中度过。每当我喝醉后漫无目的地游走在灯红酒绿的大街上时，都对眼前似梦似真、纸醉金迷却又充满活力的东京感到喜爱。

为涩谷西武百货店企划的"东京游牧少女的蒙古包"，也是只有在那个时代才会出现的项目。1986 年，《男女雇佣机会均等法》正式颁布，日本女性迎来了可以获得与男性对等的工作机会的时代。在大城市中，努力工作打拼并由衷享受私人空间的单身女性群体闪亮登场。

于是我以东京为舞台，将这些不被空间与物质所累，充分享受自由生活的年轻女性的生活方式作为意象，设计了可收纳最低限度的生活家具与必需品，形如蒙古包的临时居住设施供她们使用。那时起，年轻女性成为了消费的主要群体，她们对美味的餐厅与特色商店、有趣的杂志与活动等最新资讯，有着比其他任何人都敏锐的嗅觉。与此同时，便利商店、营业至深夜的咖啡店，以及娱乐场所，在东京的市中心相继开业。少女们在其间辗转消遣，享受着宛如游牧民族一般的生活方式。

然而，在过了四分之一个世纪后的今天，随处可见的便利店为都市生活带来了极大便利的同时，不得不在网络咖啡厅[1]中过夜的

---

[1] 与一般的网吧相比，有单间、淋浴间、行李寄存处等复合便利功能，长时间使用时价格会更优惠。在 2000 年以后，逐渐成为那些希望最大限度节约住宿费的出差人士，以及无家可归之人的首选投宿地。

人却越来越多。过去梦幻般的游牧生活，在当下被置换成噩梦般的现实问题。

　　日本以泡沫经济时期为拐点，由生产型社会转变成消费型社会。在企业增长利好的 1980 年代，终身雇佣制被认为是理所当然的事情。而现在，非正规就业率已接近四成。当企业在利润无法获得增长时，便通过解雇正式员工、增加非正式员工的手段，削减人工开支从而规避风险。无法提出反对意见的人对此也只好无奈接受。讽刺的是，非正式员工与自由职业者在这种扭曲的重压之下不得不持续工作，真实的东京游牧民由此诞生。

当时的思考

回顾 1980 年代的东京，因享乐主义盛行导致的颓废虽屡受批判，但也有着如我前文所述高扬的士气，以及对各种文化与价值观的巨大包容。另一方面，面对势如破竹、吞没一切的都市，建筑应以何种方式应对，我从自身所处位置出发，对建筑的未来进行了探索。现摘录 2000 年出版的《透层建筑》（透層する建築）一书中的部分内容：

老实说这种焦虑的情绪在以前虽也不时出现，但最近我却觉得一味地对现状进行批判，并不能换来任何改变。因为我隐约感到，虽然空虚的消费信号每日都在增长，沉浸在自我世界中的建筑学生也在增多，然而存在于其中的某种全新都市生活的真实感，却有被窥见的可能。对有着自闭倾向的学生们，无论怎么呼吁其更加开放地面对生活，都跟要求边看电视边吃汉堡的孩子关掉电视、在与父母的交流中用餐一样无力。比起说教，我们更应将注意力放在如何发现可以享用美味汉堡的餐桌之上。如果不喜欢咖啡店的宽大桌台，应该试图寻找咖啡桌的全新形态，而不是委屈窝在烧烤店的小桌板前。每当我坐在花岗岩与金属制成的圆桌之前，都会将附着于其上令人躁动的消费信号剥离，将其视为抹消了厚度感与重量感，纯粹地漂浮于空中的圆盘状桌面。在这张圆桌周围，混合着人们希望围坐在宽大桌台四周进食的原始诉求，以及即便与他人邻座也可以不加掩饰地畅饮的独立个体诉求。原始本能在与流行冲动的结合中，以物质形态被置换成似是而非的存在感。如将这种中间形态解放，物质则向着令人惶恐的虚无世界消逝。我感到真实并不存在于眼下的消费之中，而仅存在于超越了消费行为的彼岸。因此，我们面对消费的海洋，除了投身其中并游向彼岸外，再无其他方法可以找到答案。哪怕徒劳地试图一直站在岸上，不断上涌的水位终将令你不得不选择游泳，也不会因你放弃求生而将你淹没。

有趣的是，被空虚的信号充斥的现代社会，在将我们的身体变成如安卓系统般麻木的同时，又持续着对生命本源行为的关注。如此煞费苦心地激发进食这一极其原始单纯行为的社会，在过去的任何一个时期都未曾出现。在想象所及的任何角落，消费社会都在以过度的营销及虚饰，竭尽所能地过问并诱导着人们的饮食。城市中的饮食店每天都在以难以置信的速度被建设或翻新。快要将百货商店的食品卖场埋没的成堆光鲜食材，以及杂志、电视上滚动发布的美食资讯，宛如希区柯克的电影《鸟》中，鸟类疯狂攻击、啄食人们时的恐怖场景。

顺便一提，1991 年泡沫经济破灭之后，东京如同全盘否定泡沫时期一般，急速地失去了奔放磊落的性格。在平稳沉寂的气氛中，只有城市开发还在大步挺近，并将城市街区以超越泡沫时期的水平进行着更新。这种更新，如果可以为都市魅力锦上添花的话本无可厚非，然而其结果却是都市生活的真实感在随处进行的同质化开发中变得愈发稀薄。面对这样的东京，我越发感受不到其魅力所在。

世界上最为安全、安心的都市

为了保障 2020 年东京奥运会的召开，大规模的城市改造与建筑项目已挤满了东京的建设计划。这些项目在未受到人们关注的情况下静静地进行，令东京的面貌焕然一新。

这之中有许多由大型地产公司主导的大型城市开发项目。稍早之前，由某铁道集团公司开发的超大型复合设施的大幅广告，占据了报纸的整个版面，其广告文案相当典型地代表了近期的同类大型项目。作为新型城市开发项目的宣传，类似"足以向世界夸耀的崭新街区在东京诞生"，或"创造集生活、工作、娱乐于一身的完美居住环境"等用语，虽见诸纸面，我却从文字中感受到了一些违和。

旧时的住宅区接连迎来改造，被高楼大厦所取代。实际上，这类形式的开发在东京已反复上演多次。这种建筑与地区的持续更新，对人们的生活而言是否真的形成了良好的环境以及足以向世界夸耀的城市，是我一直以来所质疑的事情。因为我感到，有些用语言无法表达的，十分重要且难以找回的东西，在城市更新的过程中被丢失了。

东京被认为是世界上有着高精度建筑物与基础设施，最为安全、安心的城市。本次东京奥运会的申办过程中，"世界上最安全的都市"成为申奥标语。不过，如果逆向思考的话，东京的高度均质与高效管理又令人感到恐惧。恐怕对生活在这里的人们而言，只有安分与顺从才是被需求的品质。

在东日本大地震之后东北地区[1]的灾后重建中，"安全、安心"这一词汇以令人生厌的程度被频繁使用。然而所谓安全、安心，又到底指的是什么？修筑高达几十米的巨大防波堤使海洋与陆地泾渭分明，将山体削平创造新的居住用地，效法现代均质主义建设千篇一律的公营住宅[2]，再将人们迁移至崭新的城镇之中。以上做法，除了理解为将受灾者从之前的环境与生活中抽离，并囚禁于人工环境之中外，再无其他解释。

借助现代土木与建筑技术实现的安全、安心，更加助长了通过技术手段克服自然条件限制的思想的盛行。即便是被宣称为绝对安全的核电设施在世人面前展现了出奇的脆弱之后，依然如此。

东京这座城市，如同前文所述，是成型于江户时代，活用自然地形，并实现与绿地与水体相调和的稀有存在。它历经江户时代的

---

[1]　指日本本州的东北部地区，包括青森、岩手、秋田、宫城、山形、福岛六个县，也叫奥羽地区。

[2]　由地方公共团体建设，并租赁给具有收入限制等入住资格的居民的住宅。

多次地震、明治维新、关东大地震、第二次世界大战的摧残，几度遭受破坏又完成重建。每一次重建，都是在尊重历史、遵从自然法则的基础上，追求内在法理的城市建设。

在前文提及的阵内秀信所著《东京的空间人类学》一书中，有如下内容：

> 回顾以明治时期为中心的近代东京的样貌，虽然在各种维度中均以极大的欲求推行着各种尝试，以追赶欧美城市的脚步，而实际成型的城市空间，却拥有世界上其他城市所不具备的独特容貌。其原因为，从江户时代继承的文化与历史文脉，以及人们之间共有的城市尺度感与空间感等深层因素，引导了东京城市空间的应有状态。

正如阵内秀信所指出的一样，迄今为止在东京持续进行的城市建设，其基本构想在明治时期之后仍一脉相承。然而最近，像是要将这座城市已形成的历史文化、自然调和、邻里羁绊彻底抹杀，将其特有的平民性格与亲和体感完全稀释一样，盲目地用技术至上的高精度人工空间，来顶替东京的江户风情。无视历史与自然制造出的都市，又是否真的足以向世界夸耀？

对于城市系统与基础设施的精度也可以展开同样的讨论。东京交通系统的精度之高，已经到了哪怕电车晚点一分钟也会令人们焦躁的地步。偏执地沿着提高精度的道路走下去，除了神经质般没有缓冲、容错能力低下的社会以外，难以想象出其他形态。不过，日本人应该会将其视作社会的理想形态而努力使之成为现实吧。我们这些人，对未来到底有着怎样的憧憬啊？

均质的网格世界

对东京建筑的评论，也仅仅是围绕着无谓的高精度与经济合理性而展开。

2005 年，我本人以及山本理显、隈研吾等六家建筑设计事务所，一起参加了由 UR 都市机构 [1] 在东京湾岸地区的三菱制钢工厂旧址上开发的，名为"东云 Canal Court"[2] 的大型公租集合住宅项目。

我在设计这个项目之初，对其公租型住宅定位的理解，仅停留在为了获得比销售型住宅更大的灵活度的程度，而并未意识到这个项目将在各个方面都以经济合理性与管理便利性为最优先条件。UR 在全日本建设了大量的集合住宅，将众多案例经验提炼成标准化手册，作为本项目的设计条件，几乎不存在变通的可能。

举例来说，各户的结构跨度被规定为六米，这是由经济合理性推导得出的数字。我从空间的角度出发，提出了更具灵活性的三米

---

[1]　独立行政法人都市再生机构（Urban Renaissance Agency），其前身为日本住宅公团。

[2]　官方日文名称为"東雲キャナルコート CODAN"，英文名称为"Shinonome Canal Court CODAN"。其中"CODAN"为日语"公团"的罗马注音，意为公营住宅。

跨度箱型单元的方案，希望借由对单元的组合，使居民自身在某种程度上自由地进行空间创造。这个方案既可以使住民根据生活方式与人生阶段自主选择住宅，又可在各单元之间的空当处设置露台，形成共享空间。项目负责人虽然在一定程度上对我的想法表示理解，但终以露台的管理及单元制有风险等理由，未将我的意图导入到项目之中。

如今在这座集合住宅的周围，林立着由民营开发商建立的高层公寓，形成被峭壁包围的洼地一般的惨景。对开发商而言，公寓是重要的商品，提升远眺风景与建筑档次等所谓的商品价值具有重要意义。然而大楼一旦竣工，原来的居民们收获的将只有失去景观与日照并饱受城市风侵扰的苦果，最熟识的景象也会成为过眼云烟。这些对心理层面的关照，并未被考虑到开发行为中。怅然于东京的此般现状，我与事务所的年轻员工一起试着描绘了不远的将来东京的意象：城市是被无休止重复着的均质格子所吞没的网格世界。身处无限均质的世界之中，无论选择在哪里工作，决定居住在某栋建筑的北侧还是南侧，或是弄清到了二层还是五十层，都改变不了同一的人工环境这一事实。

在滤除了自然要素并被彻底管理着的人工环境中生活，与被塞进笼子里的蛋鸡过着日复一日接受下蛋指令的日子，又有什么不同？换言之，将经济发展摆在首要位置，为了实现发展而追求生产

不远的将来，东京的意象

性与效率性的结果是，我们成为了恐怖的均质环境的居民。在这样的都市中生活，人类将以毫无生气的中性形态存在。

如果放任均质化的推进，可以想见，今后的世界将在一片死寂中凝结，如同活在冷库中的日子将成为常态。人们在平静、安全、无欲、无求地苟活中走完一生。

四十五年前，三岛由纪夫在 1970 年 7 月 7 日的《产经新闻晚报》上刊载的《未能兑现的承诺》（果たし得ていない約束）一文中写道：

> 我对今后的日本并不抱有希望。照此下去，"日本"将会消亡的预感一天比一天强烈。伴随日本的消亡，剩下的将是一个无机、空荡、中性、灰调、富裕、狡黠的经济大国，残存于极东的一隅。对于觉得即便那样也没有关系的人，我实在是懒得搭理。

我认为如果将现代主义思想贯彻始终的话，日本将不得不向着三岛想象的形态接近。诚然，这种倾向在世界范围内随处可见，但最为极致的代表想必仍是现代的日本及东京。现代主义的本质内涵，简而言之，是以斩断同自然、历史的联系为核心内容的。

可延续的都市，可存活的建筑

围绕在突然辞世的扎哈·哈迪德（Zaha Hadid）的新国立竞技场方案的争议[5]，其症结正在于此。大批市民和具有良知的人们无法容忍在明治神宫内苑与外苑[1]这块历史悠久的神圣土地上，楔入宛如现代主义象征的巨大建筑，并将其标榜为未来意象这一无视历史的行径。特别是大量女性对设计方案表现出的反感，令人印象深刻。

此事件的大环境是，持有"东京应该还有更多其他方案可选择"，以及"东京应该以更加独立自主的姿态示人"的想法的人们占据多数。如果继续放任千篇一律的楼宇对历史痕迹破坏，东京将真正沦为丧失魅力与活力的都市。现在已有越来越多的人认识到，探索如何使江户时代开始的都市文脉传承延续至现代，已迫在眉睫。新国立竞技场的重建也迫使我直面问题，并展开思考。

去年，为了参观常以动物为主题、追求个体真实感的现代美术家名和晃平的展览，我拜访了坐落于山谷中的 SCAI THE BATHHOUSE

---

[1] 内苑，皇居或神社的内庭院。外苑，皇居、神社外侧的附属庭园。

艺术画廊。这是一处将澡堂改装成为富有现代感展厅的独特空间。画廊代表白石正美又带我参观了附近一处叫做"萩庄"的地方，它是由二层木造住宅改造成的餐厅、咖啡馆与活动场地。听说这座建筑被附近的居民称作"大家的家"。

我以玩笑的口吻回应说，"大家的家"已经被我建在东北了哦[6]。同时，我对在东京的核心区存在这样一家兴旺的场所一事抱有好感。"大家的家"这个名字，源于希望东北灾区的爷爷奶奶们把它当做"大家共同的家"这一初衷。虽然这个名字在最初被认为不够响亮，但是希望使用者将其视为自家一样的这一视角，在我看来是极为重要的。

我希望从现在开始成长起来的年轻建筑师们，即使没有被报纸杂志大规模报道的机会，也能将视线投向类似街道保护与闲置房屋改造这些促进场所新生的项目，以及贴近当地生活、被居民们所喜爱的活动。原因在于，新的可能性正蕴藏于这些工作之中。

实际上我也接受了大阪 UR 委托的场地活用与建筑再生的顾问工作，在千里新城[1]的青山台团地[2]进行。千里新城是 UR 参考了为防止人口向伦敦过度集中的大伦敦规划而建设的，是与多摩新城齐

---

[1]　位于横跨大阪府丰中市与吹田市的千里丘陵之上的新城。开发面积约为 1160 万平米，规划人口为 15 万人，是日本最早的大规模新城开发项目。

[2]　团地，为建筑组团之意，一般泛指由多栋集合住宅组成的居住小区。

名的典型性大都市郊外型新城。

其中的青山台团地，因结合地形高差种植草坪、设置儿童游乐场地等设计手法的运用，营造出良好的外部空间，并形成了如今像公园一样充满绿植的环境。另一方面，从过去居住至今的居民们，随着年龄增高，虽坐拥难得的美景，却不再出门活动，如何改变现状成为业主咨询的主旨。

我在从前曾想到过一个名为"圆坑计划"的实验方案：在小区内提供圆形用地，请居民们在其中制作花坛、农田或带有遮阳棚的小型休息场所，并允许他们自主管理土地。如此一来，居民们在对室外环境提高兴趣的同时，在竞争意识的作用下互相炫耀成果，从而获得新的生活乐趣。幸运的是，UR的负责人接受了这个提案。为测试效果，首先在集会所的庭院前设置了烧烤桌，并在其周边制作了几个香草植物的圆坑（农田）。

由于组成青山台团地的五层住宅并未安装电梯，高龄者很难在上部楼层居住。于是上部楼层被重新装修以吸引年轻群体，从而推进小区内住户的更替。因着无印良品的参与，改装后的住宅人气颇高，年轻的居住者数量徐徐增长。

以高龄居住者为主的一层，由我进行改造。为了满足令各户出入方便的设计条件，我计划从空置的住户开始，依次创造与室外露台直接相连的素土房间 [1]，作为附加出入口，以提高住户间的可达性，从而使全体居民更容易看护高龄者。

如此看来，UR 与东云 Canal Court 时期相比，也有了巨大转变，正向着追求将既存的房屋变得更好，令室内外的往来更加畅通，让邻里间的交流更易发生的开放性住宅进行探索。

2011 年去世的建筑评论家多木浩二在 1984 年出版的著作《可以生存的家：经验与象征》（生きられた家　経験と象徴）中，虽然将建筑师设计的住宅作为现代主义的产物进行论述，却也同时指出，居住者经历的时间与遗留的痕迹，才是赋予住宅以生命的重要价值所在。也就是说，建筑师努力创造着的现代形态的住宅客体，与人们进行着生活行为的住家概念之间，不可以简单地划等号。

那本书发行时，日本正处于现代化进程之中，建筑界也局限在无视历史与地域性（场所的区别）的阶段之中。不过时至今日，着眼于人类生活，审视历史延续意义所在的时代终于到来。重返过去以弥补错误虽已不能，但应用尖端技术创造与历史、自然相联系的住宅却仍有希望。以建筑师的立场而言，像设计当下这些批量生产的、看着漂亮而已的均质化公寓这类简单轻松的差事，今后将不会再出现。

新国立竞技场的问题同样如此。对于拆旧建新的造城运动与国

----

[1]　与前文所述日本传统住宅中的素土房间不同的是，现代住宅中素土房间的地面材料多以地砖、石材、混凝土等材质取代素土。

家方针持怀疑态度的人们，达到一定数量并发出声音，最终演变为如此强烈的反对运动。新闻媒体仅仅围绕预算问题进行报道，但反对声音的本源却是来自人们对设计、对尺度，以及对践踏城市历史的行径所感受到的巨大违和。

战后的日本，以现代主义及其支撑的资本主义为信条，改变了都市人群的价值观与生活。至于资本主义的本质到底为何物，我将在下一章节中阐明。

本章作者注

1 **丹下健三**（1913—2005）

   建筑师、城市规划师。为 1964 年举办的东京奥运会设计了位于代代木的"国立代代木竞技场 第一·第二体育馆"。这座应用悬索结构技术，内部有着动感曲面的无柱空间的建筑，成为了他的代表作之一。

2 **广场协议**（Plaza Accord）

   为稳定美元汇率（诱导美元贬值），由美国、日本、联邦德国、法国、英国五个发达国家首脑与央行行长，于 1985 年 9 月 22 日在美国纽约的广场饭店签署的联合协议。

3 **埃托·索特萨斯**（1917—2007）

   以米兰为中心活动的建筑师、工业设计师。80 年代主导由年轻设计师们组成的孟菲斯集团。作为后现代主义运动的中心人物，对当时的建筑界与设计界产生了巨大影响。

4 **仓俣史郎**（1934—1991）

   室内设计师。通过对玻璃、亚克力、膨胀合金、水磨石等多样素材的运用，设计出具有独创性的店铺空间与家具。80 年代，以 ISSEY MIYAKE(三宅一生)的时装店为开端，先后发表具有话题性的作品。

5 **新国立竞技场方案的争议**

   日本多位著名建筑家针对 2020 年东京奥运会及残奥会主体育场"新国立竞技场"的尺度与设计提出抗议，随后市民也卷入到争论之中。中标方案被宣布无效后，最终由隈研吾的方案取代。扎哈于 2016 年 4 月突然辞世。

6 **"大家的家"**

   这是为了探讨建筑师能对东日本大地震后的重建工作起到何种作用，由伊东丰雄提案，与山本理显、妹岛和世等年轻建筑师一起设计的集会所，是使用临时住宅创造出的可供居住者休憩的场所。于 2014 年设立非营利组织"Home-For-All"。如今，其功能不局限于社区的恢复，已拓展为儿童游乐场，以及促进农业与渔业复兴的人群活动场所等。

第二章　超越现代主义思想的建筑可能

现代主义创造的现代都市

现代主义思想作为创造现代都市的原动力，其最初是一种怎样的存在？

人们因自我意识的觉醒而确立了"个体"的概念，并从中世纪起笼罩于欧洲的基督教的压倒性支配中被解放出来，向着尊重理性的现代世界前行。受其影响，都市作为"个体"的集合体，也改变了其原有面貌。在旧时代，人们处于共同体这一古老的人际关系，作为其中的一分子存在。而当自我意识与个体价值获得确立与伸张之后，人们从共同体中脱离，以独立个体的姿态向都市集结，进而促进了市民社会的形成。

在现代社会出现之前，绝大多数日本人同样以村落共同体的形式生活。那是由地缘或家族血缘自然结成，以人们的相互羁绊所维持的社会关系。经济活动也以"赠予"的精神为主导。

不过在经历了明治维新与第二次世界大战之后，现代化的快速推进使人们为了获得新的工作机会，以及实现对独立个体生活的追求，而从地方大量涌向东京，涌向都市。另一方面，在战后支撑大都市经济高速增长的人才，亦有大半是从地方被吸收而来。

就这样，日本以迅猛的势头建立起现代国家并形成市民社会。与自然产生的共同体形成对比，市民社会是以达成目的与追求利益的利害关系为基础的机能型共同体。用政治语汇表达，即现代国家与市民社会成为了表里如一的存在。

在现代社会之前，人类以敬畏自然、与自然共生的姿态，作为农村等命运共同体的一员而生存。借用生命科学学者中村桂子的话："人类既为生物，亦是自然的一部分。"然而在进入尊重人的理性与个体存在的现代社会后，人类为了一己私欲，在征服自然的同时，通过由智慧孕育的技术进步与革新，迈出了试图支配世界的脚步。其结果是，人类成了在与自然隔离的狭窄人工产物中生存的群体。这简直呼应了我在第一章中所描绘的孤立生活于网格化空间中的人类形象。

如工业制品般被制造的都市

再将目光转移到建筑之上。现代主义建筑思想的根基是利用日益发达的工业技术，在短时间内对所有场所推进建设大批量高精度建筑。

换言之，现代主义是将人类的生活空间抽象化为一部"机器"的建筑理论。世界范围内的都市，也确实在以机械论的世界观为蓝本的过程中，逐渐变得均质。以现代主义思想为基础而建造的都市，是在排除自然、地域性以及土地中固有的历史与文化之后，才得以确立的。

其结果是，根植于现代主义的建筑与都市，特别是一些历史根基尚浅的亚洲城市与中东城市，如同在流水线上大批量生产的工业制品一般，以均质的风貌呈现于世上。仅从城市的照片，已无法辨识被摄体究竟是香港、迪拜还是雅加达。不过可以肯定的是，都市与建筑的此番景象将在今后更大范围地扩散。

现在的东京可称得上是其典型代表。仅仅用了不到四分之一个世纪的时间，东京已成为与80年代泡沫经济时期完全不同的一座城市。

都市持续繁荣的可能

　　大多数日本人认为，虽然全国人口仍在持续减少，但只要人口继续向着东京圈汇集，都市仍然会继续繁荣下去。不过从东京都的数据来看，东京的昼间人口将在 2020 年达到峰值后开始减少。当前东京的人口虽在缓慢增长，但是与之并行的老龄化终将使人口增长达到拐点。虽然不能断言未来是否真的会像预测一样，但是单就这组极精确的数据而言，情况并不容乐观。

　　再将视线转移至世界范围。从联合国发表的"2009 年全球城市化发展报告"的数据来看，截至 2010 年，农村人口的数量仍高于城市人口。不过从 2010 年起，人口比例发生了逆转，城市居民的数量约占到全球人口总数的六成，预计到 2050 年更将达到七成左右。从全球规模来看，人们持续向城市迁移的倾向仍会继续，现代化进程将得到进一步推进。

　　另一方面，如果从能源消费的视角预测未来城市的状况，到 2030 年，城市能源消费将占到全球能源的 73%。也就是说，无论如何努力推行节能节电措施，只要全球范围内仍持续着现代化进程，就不可能实现能源消耗量的减少。

　　原千叶大学教授川濑贵晴于 2009 年总结的测算数据，可作为这一观点的佐证之一。川濑教授的数据显示，在写字楼工作的人，平均一年的二氧化碳排放量为 2700 公斤，而非写字楼职员的人均排放量仅为 260 公斤。也就是说，写字楼职员的碳排放量约为其他人的十倍之多。

　　这组数据的意义在于，它表明了为维持以写字楼为代表的都市环境的舒适性，需要以何种程度的能源负担作为代价。而这又仅仅是支持城市运转的庞大能源消耗中的一个例子而已。由此可以想见，现代主义思想带来的现代都市所需的能源规模是怎样的一种量级。

资本主义的本质

从经济学的角度表达资本主义与现代主义已到达极限的观点也不在少数。比如经济学者水野和夫在《资本主义的终结与历史的危机》（資本主義の終焉と歴史の危機）一书中对此有着明确阐述。

他指出，所谓资本主义是以"中心"带动"周边"，即通过对边域的扩张，达到提高利润率、推进资本增值的体系。

欧洲资本急速扩张边域是在中世纪至现代的过渡期，即从所谓的漫长的16世纪（1450年至1640年）后半段开始的。在那之后，欧洲人出没在地球的任何一个角落，通过从发展中国家低价买取原料与劳动力，并将制成的商品以高价倾销回这些国家的手段获利，并将汇聚于"中心"的财富用来发展经济。

此外，水野和夫对现代有着如下的定义：从经济的角度出发，主张现代是"增长"的同义词。资本主义是最为高效地推进"增长"的体系，其原因在于增长所需的环境与基础，已由现代国家进行了整备。

资本增长必须以"更快、更远、更合理"的形式进行，是现代人一直以来坚持的"信仰"。英国社会学者安东尼·吉登斯（Anthony Giddens）同样认为，现代的特征正与资本增值的变动速度一同传播。也就是说，人们在资本主义的大旗下行动，坚信比任何人都更早到达、更快得到，是获取与积累利润的必要条件。

顺便一提，在"更快、更远、更合理"理念驱使下的现代资本主义，于1970年代遭遇了巨大瓶颈。

美国在越南战争中实质上的败北，为边域扩张带来了巨大困难。在中东掀起的资源民族主义浪潮，令原油价格高涨，过去的廉价购买也变得不再可能，通过边域获得利润的行为变得越来越难以为继。

明示资本主义已走向穷途的，是利率这一经济指标的异常低下。定期利率标示的是资本在投资后的回报预期，是与利润率近似的存在。日本与英国于1974年，美国于1981年，先后开始下调定期利率。时至今日，以日本为首的多数发达国家的国债利率终于突破零点，进入了所谓的负利率时代。即使进行资本投资也无法获得利润，成为资本主义终结的证据。

从利率的推移可以看出，扩大志向的资本主义在利率下跌的1970年代，已从本质上迎来了"终结的开始"。不过，美国在为资本主义强行续命的过程中，想到了新的策略。在迅速察觉到与海外发展中国家进行交易的实体经济的极限后，美国打造了以华尔街为"中心"的金融帝国，开始了从实体经济向金融经济的转型。

　　然而，金融经济是一种时常伴有泡沫的极不安定的系统。每当大型泡沫崩坏之时，世界经济都会陷入到巨大混乱之中。为了挽救金融系统的危机，将公共资金投入其中，救济成本最终转嫁给普通国民承担。其结果是需求减少，经济停滞，为了再次"增长"，进行宽松货币政策与财政拨款的总动员，继而形成新的泡沫。然而，谁也无法打破这种反复上演的混乱循环。

都市型建筑的极限

　　如果在资本主义与现代化已终结的这个时代，继续"更快、更远、更合理"的现代信仰，不仅不能够更快、更合理地解决问题，反而会被历史的洪流冲到现代化追求的对立面去。这一现实状况并不局限于仍在雷曼危机的后遗症中挣扎的经济领域。

　　眼下发生在世界上的未曾有过的事态，正是缘于在持续增长已不可能实现的情形下，继续追求增长而引起。

　　如果从建筑的角度进行反思，单凭这些服务于现代主义、资本主义象征的"都市"，服务于如工业制品一般被均质地制造的"都市"，服务于连人的生活也成为牟利对象的"都市"建筑，已经无法解决横亘在我们眼前的问题。

　　那么，该如何是好？我希望将视线放在都市以外的场所作为开始，从"更快、更远、更合理"的强迫症中解放出来的生活中开始，重新思考今后建筑的应有状态。

从增长的束缚中解放

东京大学教授广井良典从公共政策的视角出发，在著作《静稳型社会：全新的"富足"构想》（定常型社会　新しい「豊かさ」の構想）中，阐述了增长的束缚是如何令我们失去了自由，以及其他大量重要的事物。

在建筑的世界中，确实存在着由年轻人承担各类蛮干的土木工程，与公共事业预算铺张的情况。赋予年轻人过重的负担，无异于摘取将在未来成株的嫩芽。以静稳的社会形态为目标，放弃保持增长与扩张的执念，应该可以发现全新的社会与生活。

宗教学者中泽新一也曾提到，日本人理解的自然风景并非蛮荒的自然景象，而是人们经过长久岁月培育形成的有着水田或梯田的山间风光。在那里有着与风景协调的聚落，聚落的房屋经屋檐与檐廊同自然联结。在没有西方建筑那样鲜明的内外界线概念的聚落与住宅中生活的日本人，依照明治维新之时引进的"文明开化"进行西欧建筑与城市建设，其成果即现在的东京。

一言以蔽之，已到了不得不转变思想的时候了。

即使实施金融政策、财政政策、管制解除[1]等大企业优惠政策，为外表光鲜的区域复兴挥洒钱财，也无法解决当下的问题。改变对富足与幸福等根本概念的理解，才是今天的形势所需要的。

试问，"从经济富足到内心富足"的转变，在建筑领域应以何种形态呈现？我认为应有以下四条要点：

一、恢复与自然的关系。

二、恢复地域性。

三、继承土地固有的历史与文化。

四、重建人际关系与社区的场所。

我现在正在进行的几个建筑项目，每一个都是从以上四个主题出发，去寻找各自的设计概念。与之相对应的是，设计的流程与从前相比也产生了很大变化。

我在岐阜的"大家的森林·岐阜媒体中心"中寻求自然与建筑在当下的协调，在"大三岛计划"中接受挑战，再筑根植于濑户内地区特有风土文化的社区。另外，在"信浓每日新闻社松本本社"与"水户市新市民会馆（暂定名）"中，摸索可以令当地居民主动集会、活动的共享空间，以及地方都市公共建筑的全新形态。这些建筑都是在东京这样的大都市中难以实现，却又对今后的建筑思考

---

[1] 意为简政放权。为活跃自由经济活动，政府或自治体等缓和或废止对民间经济活动规定的许可、确认、检查、申报等规制。

不可或缺，且是从上述四条设计要点出发的项目。

　　从下一章开始，我将通过这些在各地进行着的建筑项目，就今后的建筑这一话题与大家共同展开思考。

第三章 由地方发祥的去现代建筑

——岐阜「大家的森林·岐阜媒体中心」

从仙台媒体中心到岐阜媒体中心

位于岐阜县岐阜市的"大家的森林·岐阜媒体中心"，在东日本大地震前一个月完成投标方案并通过最终评审，于四年后的 2015 年 7 月对公众开放，是集画廊、礼堂、图书馆于一体的公共设施。

岐阜市长细江茂光希望创造一个不局限于图书馆功能，可以令人们大量聚集并碰撞出火花的场所。我参考了于 2001 年开馆的"仙台媒体中心"[1] 的设计思路，对这个项目进行思考。

岐阜市有着约 41 万的人口，最近作为名古屋的卫星城，吸纳了不少移居至此的人。地理上，有着织田信长的城堡所在的金华山与长良川等丰富的自然资源。虽然有着地下水的资源优势，不过河川南侧的绿化却较为稀少。最近，连接岐阜站、长良川、金华山的绿化网络工程与市中心街区的绿化工程正在推进。

媒体中心的用地，是从 JR[1] 岐阜站出发，向长良川方向行进约

---

[1]　Japan Railway 的简写，即日本铁道。日本铁道（JR）是原日本国有铁道（JNR）拆分民营化后，对以北海道旅客铁道、东日本旅客铁道、东海旅客铁道、西日本旅客铁道、四国旅客铁道、九州旅客铁道、日本货物铁道为首的企业群体的总称。

两公里的岐阜大学医学部旧址。这块土地在校区搬迁之后，由市政府购买回收。政府计划在这里创造名为"大家的森林"的绿地，并建设以图书馆为中心的"岐阜媒体中心"供市民灵活使用。邻接的土地，计划作为未来新市政厅的用地加以使用。

媒体中心是一座长90米、宽80米的二层建筑。一层设立了开敞的画廊、小型礼堂以及供市民使用的多功能空间，二层为岐阜市立中央图书馆。建筑南侧的空地是可以举办活动或市集的"大家的广场·KAOKAO"[1]，西侧是与城市道路并行的240米长的散步道"潺潺的林荫路·TENITEO"[2]，东侧与北侧也尽可能地栽植了绿色植物，以提高绿化水平。

散步道有着30米的宽度，沿着长良川丰富的地下潜流的水岸内侧，种植了四列连香树，水岸外侧则种植了两列杨梅树等常绿树木，中央的8米宽步道可以在举办活动的时候搭设成排的帐篷。具体的设计由景观设计师石川干子负责。于是，就这样形成了与"大家的森林"这个名字相称，令所有人可以放松休憩的场所，以及与自然共存的建筑。

不局限于"仙台媒体中心"与"岐阜媒体中心"，以图书馆为

---

[1]　KAOKAO为拟态词"カオカオ"的罗马注音，此处可引申理解为人头攒动、摩肩接踵的情形。

[2]　TENITEO为拟态词"テニテオ"的罗马注音，此处可引申理解为人们牵手而行的样子。

大家的广场·KAOKAO

潺潺的林荫路·TENITEO

中心的设施是汇集男女老幼各式人群，实现社区核心作用的公共空间。在进行仙台项目的时候，有一种声音说，书籍的电子化会导致人们不再到访图书馆。不过最终的结果却是，图书馆吸引了越来越多的人到来，当初质疑的声音也随之烟消云散。

在当今的图书馆中，使用电脑检索书目已是理所当然的事，电子文献的收藏数量也在增加，信息化正在全面推进。不过，就人们访问图书馆的深层原因而言，与其说是为了读书与获取知识，不如说是对身在图书馆外通过电子媒体无法获得的体感与心理的需求。

仙台媒体中心

摄影：宫城县观光科

从空间的流动性到空气的流动性

从建筑的视角而言，"岐阜媒体中心"是在我对"仙台媒体中心"的反思中确立的。经历了十五年的岁月之后，我对建筑的理解所产生的最大变化，就是"从空间的流动性到空气的流动性"的转变。

在"仙台媒体中心"之前，我于 1991 年完成"八代市立博物馆·未来森林美术馆"²。从那时候开始，为了创造出如同存在于室外的室内空间，我一直思考如何将建筑的内与外尽可能地接近。因此，我对"空间的流动性"这一主题反复挑战，并最终在一定程度上达成了目标。然而凭心而论，在我面前仍一直存在着一条无法逾越的鸿沟。

那就是，我一直在"隐喻的森林"[1]这种模仿自然的人工空间中原地踏步。虽然认识到人类作为动物，在身处自然之时应该是最为放松的状态，但无论怎样以自然为意象创造室内空间，都逃脱不了人工环境的定数。归根结底，建筑仍以建筑的形态完结，内与外的连续始终未能达成。如何才能从这一困局中挣脱出来，成为我一直

---

[1]　指作者以树木、森林等自然元素为意象的建筑设计。

以来的困扰。

"岐阜媒体中心"整合了建筑用地内的绿植与潜流等丰富的自然要素，可以实现低矮建筑体量的宽阔场地，以及地方城市更为宽松的规划限制等有利条件。在建筑的三个方向确保有宽敞露台，与可以感受到清风拂面的读书空间，实现了自然光与室外空气向建筑的中心流动的设想。

在听到多数到访者"可以感觉到清爽的空气在流动"的评语后，我想我终于向着实现内外一体的建筑又迈进了一步。

人类的感觉是相当多样的存在。对温度的感觉因性别与年龄的不同而有所差异，还会因当日的身体状况而有所变化。对于光线，有喜欢明亮场所的人，也一定会有在昏暗的环境中感到安心的人。我认为，建筑需要回应到访者根据当日的心情与身体状况，选择在最中意的空间中度过一段时间的需求。

至此可以发现，我的建筑创作已经发生了巨大的变化。与现代主义建筑无论何种场地，均以建筑内外的明确划分来追求人工的均质内部环境相对，今后的建筑将通过保持与场所特有的空气与热环境间微妙的关系，而创造多样的内部环境。"岐阜媒体中心"成为我向全新创作维度迈出脚步的契机。

去空间至上主义的建筑

　　"岐阜媒体中心"还可以与同期进行的中国台湾"台中歌剧院"[3]进行对比。这座剧院以洞窟一样的浓密空间为意象而设计，如同通过肠道与血管、眼睛与耳朵等大量管状物同外部联系的人体一样，用大量大小不一的管子，从建筑内部向外延伸形成开口，以实现内外一体的建筑这一设计初衷。不过，由于建筑还未达到像人体口鼻一样自由控制开闭的程度，这座建筑终究还是遗憾地形成了内外分明的空间。

　　继续前文有关隐喻的自然的话题。我在设计这座剧院时，对内外空间相互渗透的理解还仅仅停留在概念的程度。也就是说，当时的设计只是将概念抽象地图像化，并置换到结构系统中而已。因此，就结构而言虽然实现了对全新空间的提案，然而建筑设计并没有在实质上超越人工环境的范畴，建筑在设计未取得新突破的情况下，不得不被建造出来。

　　从接手"岐阜媒体中心"前的一两年开始，我萌生了将光与风等自然要素，即设备环境，导入到设计之中的想法。我在事务所内

台中歌剧院

就如何从这些看不见却又能让人感到舒适安宁的要素中，寻找构思空间的方法，并与雇员们展开深入讨论。

迄今为止的设计过程普遍为：以思考出某一空间形态为节点，开始导入结构计算，像是"如果是那样的空间可以使用这样的结构"，或"那样的空间结构无法实现"这样的对话，与结构工程师持续进行着。另外，有关设备环境的讨论，都是在结构与空间方案定型之后才会被提起。也就是说，设备是在后期添加入建筑。不过随着最近的技术进步，从方案初期开始与结构同步进行光与气流的模拟计算，已经成为可能。

实际上，在"岐阜媒体中心"最为初期的设计阶段开始，光照强度的分布与空气流动的形式对身处空间中人体感受的影响，如同在空间中真实发生一样，通过模拟计算被直观地呈现出来。如今人们有理由相信，因结构与设备设计的同步协作，创造更加接近真实自然环境的舒适空间将成为现实。

更为有趣的是，对空气与光的思考引起了结构设计的创新。通过将结构合理性与空气、光环境合理性有效叠加，可以真实体感的设计过程将会产生更多新鲜的想法。

街区般的建筑

　　"岐阜媒体中心"所在的岐阜市是一个有着约 41 万人口的地方都市，图书馆与市民场所的设计必须与城市的规模相呼应。我想创造的是在东京与仙台这样的大都市中无法实现的，可以让市民们一个接一个地联系在一起、聚集在一起，一起交谈、一起活动的场所；是一个可以在上学途中顺道过来，或坐下休息发呆，或阅读喜欢的杂志，或与熟人聊天，或举办各种展览与活动，是无论一个人或一群人都可以找到自己位置的地方。

　　"岐阜媒体中心"的二层是作为"知识据点"的岐阜市立中央图书馆，一层是作为"羁绊据点"的市民活动交流中心与多文化交流广场，以及作为"文化据点"的展览画廊与礼堂。它是由这些部分构成的复合设施，是一个如同小型街区般的建筑。

　　建筑的一层可以在南北与东西方向穿行通过，是如同带有屋顶的广场一般的空间。空间的中央是由玻璃围绕的闭架书库，藏书量为 60 万册。这里作为最安稳的环境，是书库的最佳选址所在。

　　建筑东侧作为"文化据点"的设施，是供市民使用的展览画廊

大家的森林·岐阜媒体中心，"知识据点"中央图书馆　　　　　　　　摄影：中村绘

大家的森林·岐阜媒体中心，"文化据点"展览画廊　　　　　　　　摄影：中村绘

"大家的画廊"，与可容纳 230 人左右的多功能厅"大家的礼堂"。南侧与室外广场连接的内凹圆形空间名为"DOKIDOKI 露台"[1]，可以应对各式各样的文化与集会活动。

建筑西侧作为"羁绊据点"，是市民活动与多文化交流的空间。为方便市民的志愿者活动、社团活动与儿童兴趣班的使用，创造出用墙壁分隔的工作室。不同的工作室针对绘本阅读、视频放映、舞蹈学习等使用目的，各具特色。除此之外还有"WAIWAI 榻榻米"[2]与"WAIWAI 露台"等无特定用途，像散步道一样可以体验自然、进行闲聊的放松场所。

建筑南侧面对入口与广场的地方，有一处约 50 个座位的咖啡厅与小卖店，北侧则为职员的办公室与会议室。从入口正对面的直梯、扶梯及楼梯，可直接上到二层的岐阜市立中央图书馆。图书馆的正面有接待与问询柜台，初次来馆的访客可以在这里获取有关藏书与阅览的信息。

二层图书馆是摆放有 30 万册图书的书架与多种阅读座椅的巨大开敞空间。这座图书馆的特色在于，空间被巨大的伞型"灯罩"4笼统地分成多个区域。在灯罩下面，为希望悠闲读书与希望奋力学

---

[1]　DOKIDOKI 为拟态词"ドキドキ"的罗马注音，意为忐忑不安。此处可引申理解为兴奋激动、饶有兴致。

[2]　WAIWAI 为拟态词"ワイワイ"的罗马注音，意为大量人群嘈杂吵闹。此处可引申理解为人头攒动、欢快热闹。

习的不同人群，准备了各式各样的读书空间。除此之外还有为盲文阅读、儿童阅读、亲子阅读准备的多种灯罩，令男女老幼都可以各随己愿，享受读书时间。

这里也同样有着可以感受自然的三处露台：位于西侧面对散步道的三米进深的"林荫露台"，在天气晴好的时候可以一边欣赏散步道的绿植一边读书，且不会有西晒困扰；位于东侧的"金华山露台"与南侧的"向阳露台"，可以供人在微风轻拂中打盹偷闲。

图书馆的另一大特征是，书架在大大小小的灯罩周围以旋涡状布置。到访者在找到社会科学、文学等类别的灯罩后，可以边围绕着灯罩行走边寻找书籍。这样布置的原因在于，并列摆放的书架因向心性的缺失反而不易辨认。

这座图书馆的全部藏书量约有 90 万册，坐席数量为 910 个。对于岐阜市的人口数量而言，是条件十分优越的设施。

"大家的森林·岐阜媒体中心"图书馆全景
摄影：中村绘

大宅与小屋

　　图书馆的设计是从"大宅与小屋"的概念开始的。在这个项目正要启动之时，我正在为某家企业设计总部大楼。虽然大楼最终没有建成，不过我想试着将其中的创意付诸实现。

　　在美国的西海岸，有一座灵活利用当地优越的气候条件，由老旧仓库改造而成的办公楼。办公楼里同时设置了篮球场与咖啡馆，在其间办公如同身处木造住宅中一般轻松。我设计的企业总部所在地是濑户内地区，也有着同样优越的气候，于是我考虑是否也可以设计一个类似的办公空间。

　　也就是说，如同在工厂一样巨大的家（空间）中，再装入一个小型的家（空间）这种类似俄罗斯套娃的建筑，因大小两个空间的同时存在，使内／外两个层次间产生空气的流动，室外空气逐级到达小型的家中。如此一来，在营造自然舒适的空间的同时，能源消耗也会在一定程度上得到抑制。

　　现代主义建筑遵循用墙壁将内与外的空间明确划分的理论被建造。以德国为代表，受严苛气候的影响，建筑外墙被建造得十分厚

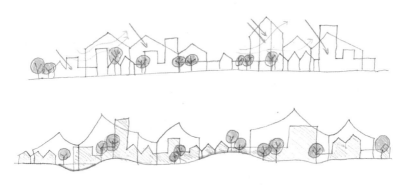

Toyo Ido
30 Oct. 2010

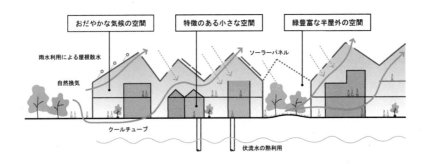

| おだやかな気候の空間 | 特徴のある小さな空間 | 緑豊富な半屋外の空間 |

雨水利用による屋根散水

ソーラーパネル

自然換気

クールチューブ

伏流水の熱利用

上："大宅与小屋" 概念一

下："大宅与小屋" 概念二

实，以获得良好的隔热性能，从而达到节约能耗的目的。因现代主义思想在当今的日本已成为主流，建筑设计也沿袭了同样的思路。不过就如我在第一章中提及的内容一样，现代以前的日本木造建筑与此套理论截然不同。

当然，我并没有希望时光能退回到江户时代，只是认为更加柔和地区分内外空间，才是对日本人而言舒畅愉快的隔热与节能手段。然而现实情况却正好相反。其原因可归结为，从对房间的气密与隔断性能的执念中产生的，室内各处的温度与亮度必须保持一致的想法。

摆脱这种均质环境的有效方法是，设置两到三层的多重墙壁，利用在墙壁中间形成的微气候空间（仅限于特定区域的微缩气候），对空气与光进行调节。正因为"岐阜媒体中心"是一座聚集大批不特定人群的公共设施，可以满足各类访客需要的室内环境自然成为不可或缺的因素。

我的做法是提供存在温度与亮度的微妙差别的各类空间，使到访者可根据个人喜好自由选择身居何处。气候温和的时候，灵活利用自然空气，摆脱对空调的依赖；当寒冷或炎热难耐之时，再请大家进到由导入了自然能量的空调系统、已调节至舒适温度的小型空间中去。

大型空间与小型空间，针对与同伴一起学习或独自一个人闲读等不同的目的与情绪，可产生出多样的使用方法。正如我反复强调

的一样，"岐阜媒体中心"是一座到访者可以自由地选择场地活动，
如同街区般的开放式建筑。

象征小屋的灯罩

那么，如何将"大宅与小屋"的概念具象化，特别是如何表现这座建筑关键所在的"小屋"，成为我们的重大课题。

我在设计之初描绘了一幅草图：在有着帐篷一样轻盈屋顶的大空间内，林立着犹如支撑着屋面般的小屋。然而在制作模型之时，我意识到，小屋的形态过于封闭，即使实际完工，想必也不会有人愿意步入其中。在这之后虽又做了用布料代替墙壁制作小屋等各种尝试，却始终感到效果不够理想。

在转变思路后的某日，我突然萌生了一个想法，即从屋顶悬垂织物材质的伞状穹顶，于是又试着绘制了一张草图。草图中展现了在大空间内形成的柔和的边界效果，这种反应使我意识到或许找到了突破口，于是马上通过模型来确认自己的想法。

"大宅与小屋"的概念最终以大空间中设置的 11 个灯罩得到实现。灯罩共有直径 8 米到 14 米不等的四种尺寸。在灯罩下方的阅览空间中，书架以放射状布置将其环绕包围。

每个灯罩都有着各自不同的功能。例如，入口处附近的灯罩作

林立着小宅的意象

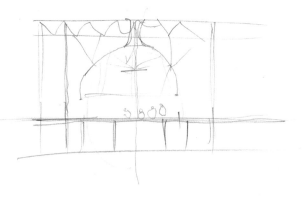

灯罩的草图

为借阅与返还的服务台，服务台里侧的灯罩作为展览与活动空间，可远眺金华山的区域中的灯罩设置了人造藤椅作为休憩场所使用。其他还有面向一人静读、小组学习、亲子阅读等不同人群的丰富多彩的灯罩可供使用。

步入灯罩的下方，是洒满光线的明亮空间。在这里同时还可以感受到缓慢流动的空气与扁柏吊顶散发出的清香，令人心旷神怡。

另外，每个灯罩内的地面与地毯、桌子与椅子、长凳与沙发等家具，以及照明的亮度均存在差别，从而形成各自不同的个性空间。例如亲子灯罩的地面在中心处略微下陷，换鞋进入后可以同孩子以各种姿势在地面随意坐卧。

"大家的森林·岐阜媒体中心"的亲子灯罩

摄影：中村绘

能源消耗减半的挑战

"岐阜媒体中心"从空间构成到空气流动，再到结构与设备环境设计的同步推进，体现了我近年来设计思想的变化。同时，对日常能源消耗减半目标的挑战，是除此之外的另一项重点工作。最大限度地激活只有在地方都市才有可能利用的自然能源，即在结构、构造、设备等方面彻底遵循自然条件，实现可持续性建筑的创造。结构、设备设计工作从项目初期开始，由 ARUP·JAPAN 的金田充弘与荻原广高担任。

因空调系统在能源消耗中占有很大比重，所以，如何令空气更有效率地循环，成为节能重点。汲取长良川丰富的恒温潜流，通过热泵对水流温度进行调节后输送至各层地面，形成地面辐射冷暖气系统，使冬暖夏凉的空气在建筑物内整体循环。为了提高空气流动的效率而极力减少室内墙壁的存在，甚至将吊顶由平面形状更改为如海面般波浪起伏的造型。

在前文提到的灯罩顶部具有作为换气口的功能，夏季热空气自然上升，从换气口排出，冬季换气口关闭后，暖空气可以在室内循环。通过对上述这些手法的组合运用，使高效的设备系统实现了能源消耗最小化。

让我们来逐项检视节能的实际效果。以开馆后半年内的实测数据为依据，可以对建筑全年的日常能源消减量进行估算：

空调系统由于灯罩处的空气流通、光环境的整备，以及地面辐射冷暖气、起伏状吊顶等高效空气循环手段的运用，共节约能耗17%；照明系统由于灯罩处的自然采光与 LED 照明的采用，共节约能耗 18.2%；发电系统由于 1700 平米太阳能发电板的敷设，共节约能耗 6.6%；隔热性能由于高性能立面与通风屋面的应用，共节约能耗 2.1%；另外还有因其他先进设备的导入，共节约能耗 13.1%。通过这种坚实的积累，对照基准设施（同 1990 年标准），预计全年可实现总计 57% 的能耗消减。

用当地材料建造木质屋顶

这座建筑的最大特征是如同笼罩在 RC（钢筋混凝土）结构之上，有着 90 乘 80 米体量的巨大屋面。屋面像波浪一样起伏的造型，是为了最大限度地确保空气循环的流畅，是与 ARUP 的金田充弘一同模拟计算后导出的结果。虽然一般情况下多使用胶合木[1] 来制造这种形态的木质屋面，但从加工性能与经济性出发，最终选择了岐阜县产的扁柏为原材料。吊挂灯罩的部位预先制作了开口，令汇聚于此的自然光得以扩散。

实际施工时，使用宽 12 厘米、厚 2 厘米、最大长度可达 12 米的平板，由三个方向相互交错重叠制造。在弯曲应力最大的柱子附近，局部重叠了 21 张板材，厚度达到 42 厘米。板材间使用黏合剂与螺丝接合。

这种工法的好处在于，因每张板材较薄，可以根据造型自由地弯曲，对本次复杂的曲面屋顶建设而言比较易于施工，同时也具有

---

[1]   将干燥的薄板按相同纤维方向制成的胶合板，用于建筑的柱和梁等部位。

大屋面的形状与工作中的木工师傅

较高的经济性。格子屋顶自重的竖向荷载传递至柱子，地震与风压等水平荷载传递至在建筑周围配置的钢板剪力墙中。屋顶的外侧最后用隔热与防水卷材的敷设完成。

施工在盛夏进入佳境，从全国各地聚集而来的大批木工师傅共同作业，场面相当壮观。我由衷地希望到访者可以仔细欣赏由日本的木工师傅们合力打造的天花造型。从"岐阜媒体中心"的西侧向东望去，起伏的屋顶与金华山的山峦相互重叠，此番别致风景，已成为了岐阜市的全新景观。

协作中诞生的建筑

"岐阜媒体中心"的设计工作饱含了很多人的心血。散步道设计由景观设计师石川干子担任，构造、环境计划由前文所述的 ARUP 的金田充弘、荻原广高担任，织物设计由安东阳子担任，室内与家具设计由藤江和子担任，标识等由艺术总监原研哉担任，以及照明设计由"照明规划协会"（Lighting Planners Associates）的面出薰担任。

我的主要工作可以说仅局限于决定建筑设计的方向，并在之后为确保其顺利实现确定协同工作的人选，使所有人向着共同目标前进。我在后期并不会对细节工作做出进一步的指示，其原因在于，我需要人们发挥自己的个性，如果推行我的想法反而不能得到除了定式以外的任何东西。我乐于看到预期以外的创意迸发，同时我本人也会受到这些创意的启发。

在我的事务所中也是同样的情况，像是"那个想法挺好啊"或"那么做个模型看看吧"这样的对话，在我与雇员之间如家常便饭一样。检视完成的模型时，全体都会表达类似"再这样一点会更好哦"的见解，从而逐渐形成团队的良好氛围。雇员与外部人员都抱有"这个建筑是由我创作出来"的想法投入工作，是令事情顺利进展的最佳方法，同时我自已也会乐在其中。

具体到"岐阜媒体中心"的情况是，建筑中最具存在感的部分果然还是灯罩本身。这部分工作由前文提到的藤江女士与安东女士负责。我与她们两位已经在多个项目中有过合作，所以十分放心地把工作交到了她们手上。

在空间与人的关系的意义上，室内与家具设计是非常重要的存在。建筑中所具备的柔和与温暖等身体感觉，是通过坐下时手与身体接触到的物品而传达的。另外，家具象征着人们的聚集，对聚集的方式也会产生影响。例如，沙发可以吸引三三两两的人落座，而在中间摆上茶几的话，就可以令聚集产生向心性，进而引起人们多样的行为活动。比起整齐划一的布置，摆放各式各样的材料与形状的家具，会令空间变得有趣，形成如同街景一般的画面。

曾担当多摩美术大学图书馆（八王子校区）[5]家具设计的藤江女士，在这次的项目中同样于较早阶段加入团队，并着手构思设计。我拜托她进行书架设计时的条件是：以木材为原料，高度控制在大人的视线可以通过的程度，以灯罩为中心的曲线状的布置方式，以及尽可能地使用当地资源与材料，等等。

接受委托的藤江女士，在收纳写真集与画册的灯罩处设置了用于放松的沙发，在文学区的灯罩处设置了可供专心阅读的椅子，在

"大家的森林·岐阜媒体中心"灯罩的制作场景

设计：安东阳子

面向中学生的灯罩处设置了方便学习与研讨的书桌。像这样丰富多彩的家具，全部是由她亲手进行原创设计。

用她本人的话说，家具设计就是对人的行为的设计。即使是一把椅子，坐面的高度、深度以及背面角度的变化，也会决定落座之人在行为、行动上的差异。在本项目中，她通过对我所提出的空气流动的空间的理解，对家具从材质到成品再次进行了彻底严格的把控。

作为空间重点的灯罩设计，以安东女士为首，连同负责结构设计的金田先生与事务所雇员，一起成立了名为"灯罩委员会"的小组，于每周定期举行讨论会，并决定设计思路。穷尽各式讨论后的结果为：按照由玻璃纤维制成的纤维环所确定的形状，以从三个方向立体编织的三轴向聚酯织物为基底，再于其表面张贴原创的无纺布材料。无纺布的花纹由担当建筑标识设计的原研哉与她一同设计，而将无纺布一张张地热贴在三轴聚酯织物上这项令人近乎绝望的艰苦工作，则由当地学生组成的工作营全部代劳。

一层的市民活动交流中心的墙面与玻璃上悬挂的织物，也交由安东女士负责。将"针织品"的图案放大后印刷制成的织物，令混凝土与玻璃的冰冷印象得到缓和。安东女士曾表示，织物是"连接建筑的空间性与人类的身体性的接口一般的存在"，我认为她说得很有道理。

所谓建筑，就是这样由具有共同目标的人们聚集在一起，共同创造的东西。

市民参与的项目

公共设施能否真的被市民接受，除了建筑要素所占的重要比重外，设施持续良性的运营与生命力的延续也十分关键。

与一般情况下的设计竞赛所不同的是，本次"岐阜媒体中心"的最终评审划时代地以向公众开放的形式进行。聚集而来的市民将会场挤得水泄不通，令进行方案汇报的我们也感受到了无形的压力。迄今为止，公共建筑设计投标绝大多数是在无市民参加的状态下进行决议的。可以向实际使用者们直接说明设计思路，如此具有意义的工作，我还是平生第一次遇到。对市民们而言，可以参与决策过程也是一次美妙的经历，在参与之中产生动力，进而萌生大家合力创造家园的意愿。

在方案中标与深入设计的过程中，艺术家日比野克彦起到了非常重要的作用。日比野先生在岐阜市出生，曾从事过很多与当地的行政以及年轻人相关的活动。他从自身经验出发，介绍合适人选，提出宝贵意见，对我予以很大的支援。特别是他就一层的市民活动交流中心应当举行怎样的活动这一课题，曾多次邀请市民前来参加讨论会。大家的意见与期望成为设计推进时的重要参考。

　　在设计刚刚开始的时候，我获得了在当地小学进行社会教育的许可，并举行了两次时长为两个小时的课外教学。在做了关于"岐阜媒体中心"的说明之后，我得到了"我喜欢这里"、"希望你注意这个问题"之类的反馈，以及用绘画形式进行的意见交换。我对孩子们在有限的时间内能够如此深入地理解建筑而感到钦佩。竣工开放之时，我又邀请了这些孩子前来参观。当年的小朋友们已成长为优秀的高中生，令我感慨良深。

为建筑注入生命的运营体制

保证"岐阜媒体中心"得以顺利运转的，是对运营组织的统一整合。如同前文所述，这座建筑中有着画廊、礼堂、市民活动交流中心，以及岐阜市立中央图书馆等众多设施，各运营组织虽在机构上保持独立，运作机制却得到了有效整合。一般公立复合设施中的图书馆、礼堂、交流中心等不同功能场所，经常由多家组织分别运营，这导致了开馆与休息时间的错乱。细江市长有着将这里作为"育人的场所"的强烈意愿，他以开放的形式推动着项目的进行，令人感到信息公开带来的高效畅通。建筑方案的最终评审对公众开放，图书馆馆长也是通过全国公开募集来确定人选。

开馆约五个月后，我有机会再次与细江市长畅谈。细江市长在项目进行中曾多次与我会面，曾在贸易公司任职的经历令他给人以思路清晰、决策迅速的印象。市长本人也对到访者人数预计将在开馆九个月时达到 100 万这一数字感到欣喜。相对岐阜市约 41 万的人口来看，确实是很不得了的成绩。

"对于资源小国日本而言，人就是最宝贵的资源。所以政治必须为培养人们的能力而服务。"这是细江市长的政治哲学。作为其"教育立市"的施政方针中的一环，"大家的森林·岐阜媒体中心"得以建设。

这次时隔多日的会谈令我不胜铭感。这座建筑虽然到处是没有墙壁的开敞空间，但几乎看不到在图书馆中常见的"保持安静"、"禁止嬉闹"等警示标语。细江市长认为，公共设施具有培养人们分辨行为好坏、学会为他人着想的教养作用，因此不可以通过制造禁止事项，来生硬地规范人们的活动。

事实上经常会有大量的儿童在馆内活动，供儿童使用的灯罩下也不时会有儿童嬉戏吵闹。因为预想到会有此类情况发生，设计中便将儿童灯罩集中于一处，并以书库将其包围，这使得儿童产生的响动几乎不会被其他人所察觉。"与其将墙面贴满禁止事项，不如用整体环境使人们意识到公共礼仪的存在，这更有意义。图书馆并非仅仅是获取知识的场所，也是学习作为市民的言谈举止的地方。"市长的这番言论，令人豁然开朗。

通过公开募集而当选的图书馆馆长吉成信夫，曾在岩手县负责非营利组织的运营，他在这里也同样充满热情地投入到如"儿童谈话会"及其他文娱活动的企划中。我感觉，吉成馆长正将这座图书馆作为"室内公园"来使用。

我认为，身处图书馆的意义不光是获取知识或是学习，而是为了追求在这个场所之外无法获得的体验。我感到吉成馆长也抱有与我相近的认识。浏览图书馆的网页，会发现他在闭馆后也安插了如"大人的夜校"等许多看起来十分有趣的活动，并借此探索公共图书馆的全新形态。

迄今为止，我已在国内外设计了如图书馆、剧场、博物馆、市民中心等众多公共设施，然而凭心而论，我感到作为一名建筑师，可做的工作是有限的。不过对于"岐阜媒体中心"，我仍由衷地希望它在今后也可以被岐阜市的市民们所喜爱，能够作为公共设施受到人们的关怀并继续成长。

我希望"岐阜媒体中心"能在全球经济一体化的大潮之下，作为绝不可能存在于不得不追赶均质化与效率化的东京等大都市中的建筑，并作为只有在地方都市才有可能实现的建筑，成为跨越现代主义、立于时代前方的先驱建筑而存在。

本章作者注

1　**仙台媒体中心**

于 2001 年在宫城县仙台市开馆。内有图书馆、美术馆、活动场地、迷你剧场、商店、咖啡馆等复合设施。建筑由 13 根在海中漂荡的水草一样的网状筒（钢结构独立井道），及其支撑的 7 张纤薄地板（钢结构无梁楼板）组成，并由玻璃幕墙围护。

2　**八代市立博物馆・未来森林美术馆**

于 1991 年在熊本县八代市开馆。为减轻建筑的压迫感，堆土形成人工丘陵，将博物馆功能埋于地下，地上部分则设置入口大堂与咖啡馆等开敞空间。

3　**台中歌剧院**

于 2016 年在台湾省台中市竣工开业。内有三个不同大小的剧场，以及商店、餐厅、屋顶花园等功能。建筑打破地面、墙壁、屋顶的界面概念，有着与外部及自然联结的洞窟状三维曲面结构。

4　**灯罩**（globe）

为了扩散灯具产生的光线及热量，用布或玻璃等材料制成的球型伞状物体。在这座建筑中，灯罩上部的天窗将自然光引入室内的同时，借由空气的流动完成自然换气。在夜间，灯罩则显现出人工照明的形状。

5　**多摩美术大学图书馆**（八王子校区）

于 2007 年竣工，玻璃与混凝土形成的连续拱形结构立面是这座建筑的主要特征。配备有适应地面缓坡的可变换高度的矮凳，面向观景窗的阅览长桌，以及用工业毛毡制成的大堂沙发等家具。

第四章 回归本源的建筑

——爱媛「将大三岛打造为日本第一宜居岛屿」计划

与小岛的相逢

我将于本章对在大三岛（爱媛县今治市）上开展的工作进行叙述。

大三岛是位于连结广岛县尾道市与爱媛县今治市的"岛波海道"上的岛屿之一。目前在这里进行的工作，可以说是我投入了最多精力并托付建筑未来的项目。

与大三岛的邂逅要追溯到2004年。艺术收藏家、"TOKORO美术馆大三岛"[1]原经营者所敦夫先生（2015年去世），委托我对美术馆的别馆进行设计。我在设计过程中曾多次与其见面，并在谈话期间向他提起了自己早已思考多时的有关建筑私塾的构想。

设立建筑私塾的初衷，是希望可以创造与建筑学学生及年轻建筑师们一同就建筑今后应有的状态，进行远距离交流与实践的机会。

谈话之后，所敦夫提出，将别馆作为我自己的美术馆进行设计，并将此处作为根据地进行私塾的运营。这座建筑原本计划在完成后捐赠给今治市，市政府在得知这一新的设想后也表示支持，于是美术馆与建筑私塾的思路被整合到了一起。

美术馆的建设用地位于大三岛西侧的浦户地区，在一块作为柑橘田的可以眺望濑户内海的坡地中，与"TOKORO 美术馆大三岛"邻接。我在这里设计了由被称为"钢之小屋"与"银之小屋"的两座建筑组成的"今治市伊东丰雄建筑美术馆"。

"钢之小屋"是由具有六边形表面的四个大小不一的积木体块，沿斜面堆积而成的建筑。规模在 200 平米左右小巧雅致的美术馆，主要以展示空间为主。与之形成对照的"银之小屋"，是将 1984 年建于东京中野、后于 2010 年拆除的自宅再造后的建筑。这座由较多的半户外空间构成的开敞建筑，是岛民们活动与聚会、举办各式各样兴趣班的场所。从美术馆可以俯瞰濑户内海及漂浮于其上的群岛，特别是傍晚的景色，美得令人喘不过气来。

另外，我在大三岛西南部的宗方地区，几乎同一时期还进行着雕刻家岩田健的"今治市岩田健母与子美术馆"² 的设计工作。岩田先生在第二次世界大战时曾是一名特攻队员，不过战争刚好在他即将起飞升空时结束。他在战后长年执教于庆应义塾幼稚舍 [1]，创作了大量以母子为题材的作品，并为美术馆的建设捐赠了资金与作品。由此，我得到了以"雕刻的庭院"为主题设计美术馆的委托。现在，不限于美术馆的功能，音乐会等活动也会在这里举行，并受到了很多人的喜爱。

---

[1] 位于东京涉谷区惠比寿的一所私立小学。隶属学校法人庆应义塾。

今治市伊东丰雄建筑美术馆
摄影：高桥 MANAMI

今治市岩田健母与子美术馆
摄影：阿野太一

　　为配合于 2011 年夏季举行的"今治市伊东丰雄建筑美术馆"开馆活动，作为活动主体的"从今以后的建筑思考"——通称"伊东建筑私塾"[3] 的非营利组织，于 2010 年 12 月在东京神谷町租用的一整层办公楼中成立。建筑私塾从多种视角出发，对未来的建筑进行探讨，并开展了三项主要活动：第一项是讨论今后社会的应有状态与生活方式等宽泛议题，而面向普通会员的公开讲座；第二项为针对以上议题，于年间举行的面向私塾学生的小范围深入探讨；第三项为面向小学生，教授住宅与街区等建筑知识的儿童建筑私塾。2013 年，私塾的活动转移至位于东京惠比寿住宅区内新设立的工作室。

　　如今，我以这所建筑私塾为立足点，定期访问大三岛并与岛民进行深入交流的同时，也举办各种与提升小岛魅力相关的活动。我希望将我余下的第二次建筑生命全部押在这座岛的建设之上，通过建设的进程去探索从今以后的建筑的可能性。

回归建筑的本源

　　我的工作重心为何会从都市转移至地方，又为何会从东京转移至大三岛？我认为产生这种转变的心路历程至为重要，需要在进入正题之前加以说明。

　　如同在第二章所述，我感到今天的日本正被两种闭塞感所笼罩，相比地方而言，这种倾向在大都市中尤为明显。其具体体现在经济至上的社会体制与管理至上的生活环境两方面。

　　名为资本主义的经济优先体制，与现代主义建筑之间以并联的关系存在。由此可见，现代建筑不过是抛弃了建筑原本具有的多样可能性，仅从利用技术可在世界任一角落建造同样的建筑这一论点上发出声音而已。也就是说，将地域性、场所性与历史认识等一切概念排除的行为，成了20世纪建筑的重大理论。

　　更极端的是，资本主义发展至今，通过全球化经济令超越国境、超越地域、无需借助实物的电子货币主体经济体制成为主流，建筑也仿佛在与其并联的过程中，向着空间的虚无化而迈进。即，建筑使人类的身体性与行为变得稀薄，建筑的变换等同于建筑的表皮置换，这一思想在高层建筑之中蔓延得最为明显。如果建筑的表皮成为唯一需要关注的问题，那么无论由谁设计，均会得到同样的结果，这种倾向在推行高层化的大都市中显得尤为激进。

不局限于高层建筑，如今活跃在世界一线的弗兰克·盖里（Frank Gehry）[4] 与扎哈等人设计的建筑，也可以说是一种表皮主义。无论在世界的任何地域，只要委托盖里进行设计，就等于向世间发出了"这里要建一座盖里风的建筑哦"的信息。重点不在于建筑的内容，而在于名为"盖里"的形象与品牌。

近年，随着金融经济扩张导致的贫富差距扩大，成为了世界性的问题。他们的建筑，在成为那些在差异竞争中胜利的富裕阶层的具象象征的同时，又是否已经沦为被这种宣传策略利用的工具呢？

在这样的倾向之中，我应以何种姿态与之抗衡，又应继续创造怎样的建筑？

至少有一点可以肯定的是，比起放之四海皆准的建筑，我更希望以根植于当地的文化与生活为主题，对某一地域或自然的建筑设计进行思考。因此，能将我所追求的建筑付诸实现的机会，不会存在于被经济合理性与全球化席卷的都市之中，于是地方都市顺理成章地成为了必然的选择。

即便是以管理为出发点，如果将"安全、安心"视作无可辩驳的绝对真理，仅以此为追求的社会将向着技术至上、无视人性的方向加速向前。如果世间全部变成像美国那样，因被地面高差绊倒就可能引发诉讼的话，价值概念将被偷换为人们不会摔倒的建筑即为最优秀的建筑。

如果社会变为所有人都回避责任、不愿承担任何风险的话，那么描绘梦想将不再可能，比起推陈出新，还是循规蹈矩更为有利。事实上，世界上的建筑正越来越向着这个方向行进，这之中尤以日本最为突出。

由于上述原因，我深刻地认识到在东京这样的大都市中，描绘梦想的机会正变得越来越少。

参与东日本大地震受灾地重建计划的经历，也同时促进了这种认识的形成。我因"仙台媒体中心"的渊源，在灾害发生后立即动身前往东北地区，并对釜石市的重建计划作了提案。在被海水冲走一切成为白纸的土地上再次建设全新城镇之时，我希望可以在注重历史性与场所性的基础上，重新构建比之前还要优美宜居的城镇。然而，我们所认为的最优方案与主张，却被现代主义的土木万能的价值观所阻断，最终遗憾地成为泡影。

在这次受灾地重建计划中，我唯一能做的仅有一项工作，为临时住宅中的人们建造集会场所、共同起居空间——"大家的家"。回忆当时的情形，除了这一栋建筑以外其余方案全部未被采纳的我，正被强烈的失败感所折磨。不过现在，以灾后七个月建成的宫城野区的"大家的家"为开端，形成了覆盖釜石市、陆前高田、气仙沼、相马等十五处场所联动的"非盈利组织·大家的家NETWORK"。虽然这些临时设施终将在今后被依次拆除，不过仙台市似乎有将这些建筑迁建至别处，作为社区中心活用的打算。

虽然"大家的家"作为建筑项目而言，每个单体的规模都十分有限，不过我却从中发现了不少值得学习的东西，那就是与使用者成为一体，去思考并创造。摒弃业主、设计师、施工者的不同角色意义，认识到使用者即是制作者，制作者亦是使用者，如此，在完成对建筑本来意义再次确认的同时，重新发现从当地材料、素材、工法、技术、生活样式中获取的灵活创意与制作手法。我认为这样的创作历程，才是对建筑师而言应该展开的重要行动。

如第一章中所述，我认为从今往后将不再是争相表现自我个性的都市型建筑的时代。这一点特别希望引起年轻建筑师们的注意。即便接手的一个又一个项目的规模与格调都不尽如人意，作为建筑师，仍然被寄予集合大家微小的力量，将人们生活的场所与地域变为快乐环境的希望。大都市富于魅力的时代已经宣告结束，只有在地方上才可能发掘建筑的全新形态已成为不争的事实。

关注地方的潜在能力

还有其他很多理由支持我如此确定地感受到存在于地方的可能性。

在第三章中详细叙述的"岐阜媒体中心",作为公共设施的大体量建筑,以尽可能多地导入并利用自然能源为目标。即便是考虑到节能课题的解决,与人造的都市环境相比,更加接近自然环境的地方也具有更多可能性。能源问题作为本世纪最为重大的课题之一,在未开发出利用自然能源的成熟技术,创造与自然共生的全新生活方式之前,我们尚不能宣称已在真正意义上完成了节能任务。

进一步讲,在高精度均质化的环境中被迫老实顺从地活着的都市人,为了再次找回失去的活力,果然还是应该选择重返自然的生活。

在本章提到的大三岛居民,特别是进行农业生产的人们,初次见面时常给人极为腼腆与不善言谈的印象。但是随着交流的不断深入,我惊讶地发现,他们有着远胜于东京人的鲜明个性与对事物的成熟认识。

如果追求从经济富裕走向心灵富裕这一观念转变的话,我们必须同时寻找出一条生活方式的转变之路。

这里有一组有趣的数据。根据内阁府于 2014 年进行的"关于东京在住者今后移居意向的调查"显示，约有四成被调查者有逃离东京移居至其他地方的想法。如将调查范围缩小至关东地区以外出生的人群，则希望移居的人数将接近五成。而且这其中五十几岁的男性数量最多，其次是十几岁至二十几岁的男性与女性。

从数据中可以了解到，与其说曾对年轻人具有巨大吸引力的东京等大都市已经变得失去往日魅力，不如理解为年轻人正变得希望从东京中解放出来。这种现象是否意味着，对年轻人而言东京正变得越来越无趣，或是生活正变得越来越艰辛？在我看来情况可能并非如此。

这份调查中还有一组关于两地居住的全新生活方式的有趣数据。希望在都市以外的地方拥有另一套住房，这是与既有的别墅概念略微不同的设想。最近，希望享受慢节奏生活，或希望在自然环境中育儿，希望从事农业活动，以及只要使用网络就可以处理在东京的事务的个人情况，正变得越来越多样。其根本原因在于，希望与地方积极产生关联的同时实现随心所欲的生活方式的人群，已占到了东京居住人口的三分之一之多，而且持有这种愿望的人必将变得来越来越多。

对地方生活而言，当地居民与移居至此的新住民之间的人际关系，是不可或缺的重要存在。为了当地文化与风貌的传承，在对这

片土地上的传统进行传递的同时，面向未来的全新视角也同样不可
或缺。也就是说，通过拥有两处居所的人们在都市与地方间的往来，
令生活在地方的年轻人与育儿中的家长们接受外来刺激，从而产生
挑战新鲜事物、共同进行全新尝试的意愿，其效果值得人们期待。

　　"日本独特的文化与风貌是由农业创造而来的。"这是我的建筑
导师菊竹清训[5]先生从始至终的信条。作为福冈县久留米市一位地
主的儿子，他在第二次世界大战后的农地改革中失去了土地。或许
是由于上述原因，他对由农业传承下来的日本文化与风貌，在现代
化的过程中被肢解破坏一事，抱有极大的愤怒。菊竹老师的执念，
在现代主义日渐式微的今天，通过地方稳健的改造工作得以如愿。

大三岛的魅力

　　大三岛是位于连结广岛县尾道市与爱媛县今治市的"岛波海道"上的岛屿之一。环岛面积约 42 公里，几乎处于濑户内海的中心位置。年降水量较少，具有得天独厚的温暖气候。岛的大部分被海拔437 米的鹫头山为中心的山脉所占据。

　　岛内沿海岸散落着十三处聚落。岛上人口约 6000 人左右，与战后不久的约 14000 人的规模相比，已减少了近六成。这其中儿童的数量很少，六十五岁以上的人占到人口总数的一半，高龄化已十分明显。

　　在濑户内地区，因产业废弃物的处理设施与铜矿等矿物精炼所的建设，而使自然遭受损害的岛屿不在少数，不过，大三岛至今却并未遭受大规模的工厂建设与观光开发的迫害。因着坐落于岛上的日本最古老的"大山祇神社"的关系，大三岛作为"神之岛"成为人们的信仰对象。因此，到现在为止，岛上仍保留着未经人类染指的丰富自然与优美风景。

　　盐田、湿地、潮滩、海滨组成的多样地形，由大山祇神社的御神山保护的原始森林，以及没有混凝土护岸的农田等孕育出的丰富生态系统环境，被保存了下来。作为濒危植物日本百合的群生地，与爱媛县濒临灭绝的二类动物达摩蛙的栖息地，其生物的多样性也广受瞩目。

大三岛的主要产业为柑橘种植，沿坡地广泛分布着可以种植三十多个柑橘品种的果园。岛上几乎布满柑橘田，这是受某一时期日本政府推行的大米减耕转种柑橘类水果的政策所影响。然而随着贸易自由化的推进，橙子与西柚等柑橘类水果的供给开始依靠廉价进口，岛上的水果不再像以前一样那么有市场。也许是出于上述原因，如今很多高龄生产者放弃了柑橘种植。另一方面，在移居或回迁至此的人们中间，也有一小部分人开始柑橘的有机栽培与无农药栽培，并着手新品种的培育。

岛上的文化重心显然是大山祇神社。这是类似统领全国山川神明一样的神社，宝物馆中收藏有包括源赖朝、源义经、武藏坊弁庆等著名武将的甲胄与刀剑在内的共 8 件国宝，以及 682 件重要文化遗产，是日本首屈一指的耀世馆藏。

另外，在汽车普及之前，交通工具以船为主，使得岛内的十三处聚落与对岸的交流反而比与土地相连的邻村更加频繁。也因此各聚落间保持着相互的独立性，孕育出神乐歌、狮子舞、花车、弓祈祷等个性丰富的祭祀文化，并传承至今。

2014 年的宗方地区，有着两百年以上历史的名为"棹传马"的赛船庆典在时隔十五年后再次举办，一时间成了颇为有趣的话题新闻。策划者是移居至宗方的林丰先生，他的呼吁得到了岛民们的积极响应与支持。节庆活动的复活带来了意想不到的正面效果，据说一些离开大三岛并定居于广岛、大阪等地的人们，再次被故乡吸引回来。棹传马的复活，正是人与人之间的关联的复活。

大三岛除大山祇神社外，还有大三岛美术馆、村上三岛纪念馆、TOKORO 美术馆大三岛、伊东丰雄建筑美术馆等设施，以及具有优美远眺风光的公众浴场等多处场所，作为观光与文化据点，有着十分优越的先天条件。另外，因为岛波海道也是日本屈指可数的自行车骑行道路之一，每年都会有数十万自行车爱好者到访大三岛。

成为日本首选宜居岛屿

实际上，我在多次到访大三岛并在与当地居民的交流中，逐步了解到岛内的历史、文化与自然，并萌生出可以活用建筑手法，发掘并唤起大三岛的独有魅力，帮助其找回往日繁荣的想法。

具体而言，是将继承并发展岛上资源作为第一要务，以十年为一个目标周期，运用"独自的方法"开展岛屿建设的思路。所谓独自的方法，是不依赖行政与大型资本，通过对手作的小型项目的积累，遂成非经济优先的、具有优美精神内涵的地方建设。

即便是很小规模的项目，如果在岛内的所有地区同步发起的话，这些"点"状分布的确立，会因其相互之间的联系而连成"线"，对此产生共鸣的人们为项目的兴旺运转提供帮助，从而最终促使"面"的形成。我相信，能够牢固扎根于岛屿并成长壮大的事物不是来自岛外，而是从岛内自主发起的活动与事业。这样的行动有多个已经落地生根。建筑私塾也开始实施多个项目，甚至因此出现了被大三岛的魅力吸引而决定移居岛上的私塾学生。

我首先制定了"将大三岛变为日本首选宜居岛屿"的目标。

在"宜居岛屿"的定位上，我有自己的考虑。令街市振兴与地方活力化的简单有效的方法，是申请世界遗产、建设美术馆等，以培养观光产业。这些当然是十分重要的举措，不过观光客口味的变化也是难以捉摸的事情。即便在广受瞩目之时吸引了大量观光客的到访，数年后却因人们厌倦而门可罗雀的项目也是不胜枚举。

如前文所述，大三岛作为观光地，有着每年吸引大量游客到访的大山祇神社，多处富有个性的美术馆，备受眷顾的自然美景，以及全球著名的骑行线路等大量充满魅力的资源。

吸引大型住宿设施、人气餐厅与连锁咖啡店等入驻，从而令这里作为观光地恢复暂时的活力并非一件困难的事情。当然，便利舒适的店铺对岛上经济也会起到一定的积极影响。然而，这样的流程不过是资本主义或城市开发的延伸而已。其结果是，为了更多地争取哪怕一名观光客的到来而强化了与其他地区的竞争，到头来必将演变成为了满足都市生活者的需求，而令大三岛本来的闪光点消失的局面。

我认为，与"在日本最想去的岛屿"相比，推行"愿意居住的岛屿"策略，才是与大三岛的未来相关联的工作。在与岛上的人们谈话时我惊讶地发现，当地居民对大三岛的现状实际上并未抱有太大的危机感。气候温和、自然丰富、以柑橘为中心的农业经营，并不会有为生计发愁的事情发生。岛波海道建成以来，与今治、福山、广岛的交通也变得方便……如果一定要找出岛民们所在意的事情的话，那就是其他许多地方也同样面临的、尤以青少年群体为代表的人口减少问题。大三岛内仅存的今治北高等学校大三岛分校，也同样迎来了停办的命运，很多学生改为每日乘坐公交去往今治市内上课。

另一方面，举家移居或回迁至此的人们，舍弃了都市生活在这里迈出全新一步的年轻人们，虽然数量不多，却在持续增加着。也就是说，他们选择了"愿意居住的场所"作为从日本中心区迁出的目的地。我认为，即便是五个人、十个人也好，移居人数的增加比起吸引数万观光客的到来更为重要。

岛根县立大学联合研究生院教授藤山浩在其著作《田园回归①：田园回归1% 战略·重振本地人口与就业》（田園回帰①　田園回帰1％戦略　地元に人と仕事を取り戻す）中认为，如果每年可以确保占本地人口1% 比例的外来移居者数量的话，那么此地区将不会有消亡的风险，并能够保持安稳、持续发展的状态。

实际上，大三岛在2011 年以后的五年间，共有99 人移居至此，定居的稳定性也高于其他地区。因此，从硬件与软件着手创造令这些人可以安心生活的环境，将成为工作重点。

作为活动据点的伊东美术馆

如今，我以 2011 年开放的美术馆为据点开展着各类活动。

以我的名字命名的美术馆并未用来展示我的作品，而是定位为以伊东建筑私塾的学生为中心，作为同岛民、大学的建筑学科教授及学生们一起开展的项目的发表场所。每年确定独立课题并进行调查研究，以研究成果为基础进行的思考，以及恢复岛内活力的提案，会通过展板、视频与模型进行展示。其初衷是希望使前来参观的人们了解大三岛的魅力所在，并对岛内的建设给予支持。

随着时间的累积，在这项活动中产生的全新项目也在逐年增加，项目的内容也愈发充实。于 2016 年举行的私塾学生限定讲座中，提出了"连结岛与都市"的课题。此项课题包括了恢复大山祇神社表参道 [1] 的昔日繁华、思考活用岛上资源与自然环境的建筑及景观手法等建筑学活动，以及利用岛上食材的饮食提案与岛产葡萄酒的酿造，向都市贩卖土特产品的销路拓展与包装设计开发等商业与品

---

[1] 参道的广义含义为通往神宫、寺院建筑的参拜道路。当道路复数存在时，其最主要的一条道路被称为表参道。

牌营销活动。为了接近"将大三岛变为日本首选宜居岛屿"的设想，我们在自得其乐地推进项目的同时，并未局限于单纯的调查研究，而是展开了更具实践精神的行动。

因此，项目本身并未制定运营方法与任务目标。其大致形象可理解为摒弃了高效推进的现代主义思维，将美术馆与建筑私塾的平台共享，令有志于此的个人所提出的计划在独立进行的同时缓慢关联。

2015 年，受到文化厅的"与地域互动的美术馆·历史博物馆创造活动支援事业"的资助，我从更广阔的视角开始了发掘大三岛魅力的探索活动。为了梳理岛内资源，首先举办了由岛内外人士参加的，包括大三岛的魅力、饮食、国际化、濑户内区域网络共四个主题在内的工作营活动。工作营获得了很多全新发现，其中最令我印象深刻的是当地参加者带来了数十年前大山祇神社表参道的历史照片与周边地图，并讲述了大量只有岛民才可能知晓的宝贵信息。

从谈话中可以得知，战后的现代化进程不仅在东京等大都市中发生，就连大三岛这样的地区也受到了波及。海滨成为了住宅用地，农田变为了停车场，因为新建道路的关系，人行线路随即发生了改变，虽被大海环绕但海上交通却变得颓败，人口急剧减少，高龄化不断推进，这些历史演变以一种近乎悲痛的口吻被倾诉出来。

受文化厅计划的支援，上述活动内容被整理成小册子分发，报道大三岛"在岛生活·与岛关联·对岛熟识"内容的网站"omishima.

net"也被建立了起来。对岛内的人们而言，网站是共享活动与信息的平台；对岛外的人们而言，网站则成了大三岛的接入口，起到了门户网站的作用。为了日后可以面向外国人进行宣传，全员合力对网站内容做进一步充实的计划已经被提上日程。

大三岛版"大家的家"

就这样，越是对大三岛进行深入的了解，越是与岛民们产生紧密的联系，我希望在岛上居住、生活的想法就变得越强烈。因此，我开始了超越通常建筑工作范畴的思考，如岛上生活，由大三岛发祥的全新生活方式提案等。

如同我在前文中描述的一样，来到大三岛后令人感到十分遗憾的是，这里虽然拥有丰富的食材与优美风景，却几乎没有烹饪食材并在优雅的环境提供美食的餐厅与住宿设施。这也是到此骑行或参拜大山祇神社的大量访客经停过后又去往下一站的原因之一，真是一件令人惋惜的事情。实现"愿意居住的岛屿"这一设想所必须的，并非大规模投资的大型设施，而是岛上的人们可以自行运营、规模有限却根植于当地的舒适的基础设施。

我们首先将目光放在了大山祇神社的参道区域。在岛波海道建成以前，大量人群坐船抵达海港，并经由参道前往神社参拜，使得这片区域在过去曾相当繁华。当时不仅有食堂与土产店等面向参拜者的商店，服务于当地人的澡堂与书店等店铺也是一家挨着一家，是岛内名副其实的繁华街。

因岛波海道的开通，绝大部分参拜者改为乘坐私家车或公交车到访此地，完成参拜并在神社旁边的停车场稍做休整后，直接驱车前往其他地方。当地人也转而在超市中完成购物。参道变得完全颓败，商店也关门停业，甚至有无人居住、濒临倒塌的建筑出现，昔日的繁华景象早已不见。

能否恢复这条参道的活力，是目前的课题之一。虽然乍看之下，这里已是空无一物的冷清街景，不过其中仍保存着很多颇具趣味的老旧民居与造型独特的空置店铺。在这里，我们发现了一处几乎位于区域中央的充满魅力的空房。这是一处曾被法务局征用的二层木结构房屋。我考虑改造它，并将其作为连结岛屿与人们纽带的"大家的家"来使用。

虽然建筑私塾将其租借之时，建筑已处于相当严重的荒废状态，不过私塾学生花费了一年多的时间，从对前院的除草与扫除开始，进行了大量工作，诸如捡拾收集剥落的墙壁材料并制作全新的土墙，回收利用木质建筑部品，加固地面，安装全新的厨房等，直至建筑恢复到靓丽并可供使用的状态。

在2015年秋季试运营的时候，家具设计师藤森泰司受邀举办了工作营活动，并同爱媛县立今治北高大三岛分校的学生与建筑私塾的学生一起手工制作了桌椅。建筑面向参道的一层现在成为供大家聚集的咖啡馆与画廊，二层则作为办公空间使用。参道咖啡馆的开业对其他店铺的刺激作用值得期待。

像我们这些本来与大三岛无关的外人，在计划从零开始进行一番尝试时，为了获取信任，首要任务是被岛内的人们接纳。我认为，不怕被误解地首先迈出将想法和盘托出的第一步，应该会获得类似"这些人原来也是不错的家伙"的认同。所以，仅凭图纸与企划书并不足以打动他人，必须将大汗淋漓拼命工作的状态呈现给世人。私塾学生中的志愿者在夏天没有空调、冬天没有暖气的地方，挥洒汗水或忍受寒冷的同时，无偿地一点一滴推进着"大家的家"的施工。我希望这种劳作的场景可以被岛民们看在眼里。

上：大三岛"大家的家"
下：白天作为咖啡馆使用的大三岛"大家的家"

保存大三岛的建筑与风景

除了民居以外，大三岛上还保留着其他有价值的建筑。

现在作为"大三岛故乡休憩之家"使用的旧宗方小学的校舍，因其浓郁的怀旧气息曾被作为电影的取景地。一层的教室与校长室现已被榻榻米铺装，改造成为可供聚会使用的会场与可供住宿使用的单间。因岛内没有可接待大型团体的住宿设施，建筑私塾在举办大型活动时也会使用这里。校舍前方有美丽的沙滩，是夏季全家享受海水浴的人气场所。

然而，老旧的建筑不仅在抗震性能上令人不安，还存在如漏雨、（因后山中湿气导致的）地面返潮、白蚁出没等许多问题，因此建筑的所有者今治市政府曾有将其拆除的想法。我从建筑师的立场出发，呼吁不可以破坏这座充满了岛上居民学生时代回忆的建筑，并提出采取抗震加固等措施解决现有问题，务必保留岛屿记忆，同时也请求市政府允许我对建筑再造进行提案。最终，这座建筑被暂时保留了下来。

老旧后将其拆除、再建以新的建筑，是典型的现代主义思维。这样的做法虽然简单方便，但人们对旧建筑的保护意识与从前相

"故乡休憩之家"
摄影：高桥 MINAMI

比，正在急剧加强。其关键原因在于，破坏之后想要二次重建同样的建筑是不可能的，一旦失去即意味着永不可复得。

离开大三岛的人们，他们的房屋大多以空屋的状态闲置在岛上。而移居至此的人们，又有很多人希望租借这些民居，并将其改造得便于居住。然而有意者与空屋的匹配却十分困难，基本上找不到最终完成租借手续的案例。其原因包括：世代先祖的牌位还留在岛上，将房屋出租的话，回乡扫墓时将无处可住；或是因房主去世，其他亲友不便决定，等等。虽然可以理解人们各自的苦衷，不过任由房屋空置的话，只会加速其荒废。

需要牢记的是，正是一座座这样的民居，造就了濑户内地区独特而美丽的渔村与山间风光。以房屋老化为理由，将其夷为平地，再改建成随处可见的工业化住宅的话，经岁月积累形成的大三岛的独特风景将在转瞬之间消失殆尽。

风景会对人的心理产生巨大作用。特别是生活在像东京这样反复进行着拆旧建新，街道与风景变化得令人眼花缭乱的环境中，时常会有被无形的力量追赶压迫的感觉，而无法获得心灵上的平静。如果追问大三岛风景的价值所在，我想，或许像我们这些从都市来的人们会比当地人有着更深的体会。因此，我们正在计划开展的民居再造项目，其意义并非局限于活用空置房屋，还担负着令岛上的美丽风景得以传承的历史使命。

濑户内首家"大家的酿酒厂"

我同时还在描绘着在大三岛创建酿酒厂的梦想。

就在去年，从大阪移居至大三岛并经营农业的林丰先生，在山梨大学学习葡萄酒酿造并移居至此的川田祐辅先生，本地出生从事土地事业的森本百合子女士，以及我与妻子，以我们五人为中心，成立了名为"大三岛大家的酿酒厂"的公司。现在，在切实募集树苗所有者与资金的同时，终于迈出了面向生产的第一步。酒厂在去年从当地人手中租借了一块位于濑户地区与宗方地区之间，有着一反[1] 面积的南向坡地，用来种植适合酿造白葡萄酒的霞多丽与维欧尼等品种的葡萄树苗。一年之后，因树苗出乎意料地长势良好，酒厂于今年决定扩大葡萄园的面积，并种植了 400 株新苗。虽然距离葡萄酒的出产至少还需三到四年的时间，但进一步扩大葡萄种植面积的事宜已被提上日程。

提起日本的葡萄酒，人们首先会想到山梨县与北海道等地，不

---

[1]　土地面积单位，一反等于 992 平方米。

过濑户内地区的气候与地中海类似，又有着适合葡萄栽培的大量坡地，使得将荒置的柑橘田转换为葡萄园成为可能。数年后，葡萄酒将被培养成为岛上的主要产业，不光为岛上居民，也为移居或回迁至此的年轻人提供新的就业机会。当然，如果还可以借此增加对葡萄酒感兴趣的观光客数量就再好不过了。目前设定的目标是从 2018 年起，逐年增加葡萄酒产量。在葡萄酒酿造完成之前，葡萄汁与葡萄干等加工品的生产也被提上日程。

2015 年，葡萄酒厂计划被爱媛县产业振兴财团的资助事业选中，并获得了资助预算。因资金的用途被明确规定，所以酒厂首先在位于参道区域的"大家的家"中，与咖啡馆合用空间开设了葡萄酒吧，以此成为推广濑户内首款大三岛葡萄酒的根据地。

在岛东南部的濑户地区，从东京移居至此的山崎学与山崎知子夫妇，以无农药有机栽培法进行着柑橘种植，同时还制作果酱、曲奇以及沙拉酱等制品，并通过自营店铺"Limone"进行销售。尤其是他们在取得利口酒的制造许可后，手工制作的柠檬切罗酒，获得了口感良好、不输意大利的评价。柠檬切罗酒是在以盛产柠檬而著名的意大利阿马尔菲海岸地区被经常饮用的利口酒。"Limone"除上述原创商品外，还代售岛民们的手工制品，成为了当地人与观光客均会到访的店铺。因喜爱柠檬所以在岛上进行各种尝试的山崎夫妇，以及像山崎夫妇一样的人们，为这座小岛带来了活力。

岛民开创的饮食文化

　　移居或回迁至此的人们在大三岛上开展着充满活力的活动。以农业为例，他们追求无农药与自然栽培法，培育新品种，将自己的农产品加工为果汁、果酱在网站与市集中出售。

　　从东京移居而来的花泽伸浩先生，是为了实践完全摒除农药的自然栽培法，而从培养农田着手的正统派代表。他的夫人用收获的柑橘制作成曲奇与果酱进行直销。花泽先生与子女一同进入农田，在大棚中收获蔬菜，正体验并享受着在都市中无法获得的富足的自然生活。

　　越智资行先生虽是从关西移居至大三岛的新住民，不过据说其先祖曾经在岛上居住。他在进行着自然循环型农业生产的同时，制造并销售原创酱汁与柑橘调味汁[1]。为了培养后辈，他在进行着农业指导的同时担负当地小学的自然、农业授课工作，是典型的行动派。他还经营着由自家改造而成的农家民宿。

---

[1]　由荷兰语 pons 演化而来的外来语，意为柑橘汁，用于火锅及凉拌食品等。

在大三岛上有很多像这样移居与回迁至此，并对全新的农业形式展开挑战的人们。如果用他们生产的安全新鲜的食材，去开发大三岛特有的美味料理的话，我想一定可以吸引更多人到访。

另一方面，本地出生的人们中间也有很多具有行动力的。渡边秀典便是其中之一。大三岛每年约有800头野猪被捕获，"岛波野猪活用队"便是为了活用这份收获而成立的组织。因岛上的野猪多以柑橘为食，所以有着散发微弱橘子香气的美味肉质。迄今为止，当地人仅将野猪肉作为火锅或烧烤的食材，不过活用队却打算将其作为岛上的产业进行推广。

捕获后的野猪，肉经过去除血水、按部位切分的粗加工后，被送到大阪、东京等地的餐厅中，或是被制成香肠、火腿等食品进行贩卖。最近还出现了将猪骨替换为野猪骨熬制汤汁并开发新品种拉面的经营者，岛上名产"野猪骨拉面"值得期待。不光局限于食物，野猪皮与野猪骨还被用来制作箱包与眼镜盒等。就这样，整头野猪没有一点浪费地被彻底利用，可持续的产业结构正逐渐形成。

虽然经营农业的人们各自都掌握着一定的客户资源，但我仍然希望可以将大家的资源整合，并以"大三岛品牌"的形式向都市推广，从而进一步增加销量。话虽如此，我并未打算采用农业合作社或股份有限公司等组织化的形式，而是考虑创造一种适合这座岛的具体情况的新方法。作为推广的第一步，诸如重新设计岛上特产的标签与包装以提高视觉传达效果，企划产地直销活动等，大量工作需要推进。

在促进销售的环节，移居至大三岛的地域扶持协力队成员松本佳奈女士，运营着由小型巴士改装的移动咖啡厅，同时活用岛上食材，进行菜谱开发。她还以大约每月一次的频率前往东京的自由之丘地区开展大三岛产橘子的直销活动。虽然这些都只是很小规模的尝试，却是令大三岛与东京产生联系的重要活动。

经营咨询顾问富山和彦在其著作《为何由地方经济复兴日本：G 与 L 的经济成长战略》（なぜローカル经济から日本は甦るのか G と L の经济成长战略）中指出，分析日本的整体经济，所谓的全球化公司约占到三成左右，余下的七成全部是服务产业，且其中大部分是地方企业。

日本政府现今采取的全球化企业优先的经济政策，可以被视作是社会差距扩大化的原因之一。虽然期望政府可以明确理解全球（G）与地方（L）经济的特征从而制定更为恰当的政策，然而被动的等待不会产生任何效果。我们希望可以不依赖政府与行政手段，而是在与岛民的联合中培养大三岛的特色产业。

以上这些几乎都是与建筑无关的工作，不过我却抱有很大兴趣，并希望可以积极参与其中。近些年来，在建筑师逐渐不被世间所信任而变得孤立的时代背景下，我隐约注意到了从业者们拘泥于抽象概念，而不愿将目光转向社会现实的姿态。正因为建筑是为了创造人们可以持续生活的环境，所以没有一件工作可以被认为是与建筑无关。

向自然敞开的居住样板

在思考大三岛的生活方式时，能源是非常重要的问题。

事实上，我在伊东美术馆附近一处突出的海角也购买了一块土地，而这里却并没有水电等市政供给。即便如此，我还是为了可以实现在东京与大三岛的两地生活而计划建造一座小屋。既然难得在大三岛上生活，那么不从根本上转变生活思维，就不会产生新的乐趣。第一步，我决定颠覆如同东京一样的人工管理环境，尝试面向自然开放的居住方式。

濑户内是日本国内少有的受温暖气候眷顾的地区。冬季几乎不见降雪，夏季即便日间炎热，但到了傍晚与早晨就会变得凉爽。这样的气候条件，就算不使用冷气与暖气对室内温度进行管理，也可以打开窗户通风降温，或在寒冷时使用暖炉与壁炉取暖。

我逐渐想要在这里生活，并亲自实践与自然共存的生活方式。这可以追溯到与前文提到的林丰先生相遇之时。林先生曾在大阪做着与 IT 相关的工作，十五年前同夫人一起移居大三岛生活。他是酿酒厂的共同出资者，同时进行着农业与养蜂产业，还是一名垂钓高手。节庆活动的复活与移居者支援活动中也有他的身影，可以说他为岛内的事业付出了全部精力。

林先生在可以眺望今治市宗方地区的南向坡地上建造了自己的住宅。住宅为一层平房，在南侧有着木板铺地的宽大露台，穿堂风吹过室内令人感到非常舒适。他的夫人讲到，冬季在有日照的时间段，室内无需暖气便已是暖洋洋的，夏季也因通风良好而几乎没有开冷气的必要。这样的生活方式，对我们这些都市人来说真是值得憧憬。

我所购买的土地位于三面环海的陡坡上，虽然可以建造小屋的地方十分局促，但是从这里看到的夕阳美景，是穷尽语言也无法形容的。不过，最终令我敢于冒险在这里尝试建造小屋的原因，是期待可以在这样的场所中获得大量的全新发现与惊奇。

建筑将以位于法国南部马丁角（Cap Martin）的勒·柯布西耶的小屋为意向。这座小屋同他的其他 16 件作品，一同在今年被认定为世界遗产。柯布西耶在巴黎拥有居所的同时，也在偏僻的乡间选择了一处面朝地中海的土地，建造朴素木质小屋[6]。其晚年曾在那里绘画、游泳、保养年寿，过着仅凭都市生活无法获得的梦想生活。我也在见到濑户内美丽的夕阳风景后，期待着可以在这里描画出一些在东京无法实现的东西。

哈佛大学设计研究生院项目

正当我思考将要设计怎样的小屋时，接到了从 2015 年 9 月起的三个月内，在日本指导美国哈佛大学设计研究生院的十二名学生的任务。

最近不光是哈佛大学，世界上的许多大学都以工作营或短期留学项目的形式，将学习建筑的学生送到日本。日本的建筑在国内并不能引起太大话题，却在世界范围内广受关注，这实在是颇有讽刺意味的状况。

我以"发现大三岛的魅力并对岛内远景提案"的主题为基础，向学生们抛出了"Off Grid Life 住宅"、"面向城市中心居住者的共享住宅"以及"大山祇神社参道的再生"三个课题。同时请这些刚刚抵日的学生到大三岛对岛内全范围进行研究与用地调查，并通过参与岛民的工作营拓宽视野。

在学生返回东京之后，我在惠比寿的伊东建筑私塾的工作室中，以每周两次、每次午后三个小时的节奏，对他们进行设计指导。这些性格直率充满能量的学生，以他们自己的方式理解日本，并对我的意图进行解读，提出了大量针对大三岛独有的绝佳方案。

学生们即将归国时对这些工作成果进行了汇报，我对他们能够在三个月不到的时间内完成如此深度的设计而感到钦佩。虽然身处陌生的工作环境，全员仍完成了汇报需要的展板及精美的模型，而且在这之中还有一些貌似可以立即实施的提案。

我将介绍其中两个令我印象深刻的提案。

第一个是斯科特·马奇·史密斯（Scott March Smith）提出的共享住宅方案（129页上图）。他提出的"可选择的个人时间与集体时间"的创意，简直与我所预期的意向如出一辙。

其方案如同"大家的家"一样，设置厨房、起居室、宽敞的澡堂等共用设施，并在周围点状布置类似马丁角的小屋一样，可供一人或夫妇二人使用的最低限度的生活设施。共用设施作为大家一同烹饪、用餐、听音乐等娱乐空间使用，而小屋则供一人独处时使用。烧杉木作为立面材料使建筑物与周围林木融为一体，每个建筑小巧的体量可降低自然的负担。我对共享住宅方案中居住者间的距离感以及建筑对自然的关照抱有好感。

现在以此方案为基础，我考虑开始创建我所居住的大三岛版马丁角共享住宅。在未来的两到三年时间内，完成家中共用部分与两座小屋的目标。

另一个方案是由法维奥拉·古斯曼·里韦拉（Fabiola Guzmán

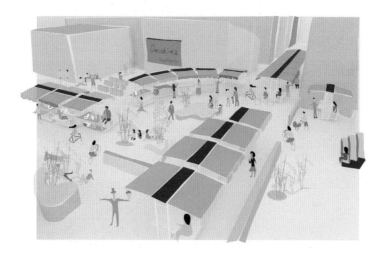

上：Courtesy of the Harvard University Graduate School of Design, Scott March Smith.
下：Courtesy of the Harvard University Graduate School of Design, Fabiola Guzmán
　　Rivera, LeeAnn Suen, Anna Falvello Tomás.

（此处介绍的项目为哈佛大学设计研究生院在 2015 年秋"为了将大三岛打造为日本第一宜
居岛"的设计课中，学生与讲师们共同制作的作品 。）

Rivera）、利安·苏恩（LeeAnn Suen）、安娜·费维洛·托马斯（Anna Falvello Tomás）三人组提出的"大家的参道 ——大三岛的活性化计划"（129 页下图）。这一计划的目标是恢复曾作为大山祇神社参拜线路的宫浦港 —参道—神社的辐射区的昔日繁荣。

　　方案计划将码头北侧已不再使用的柑橘选果场，作为供岛民与观光客使用的复合设施用地进行再造，并且为了进一步使参道散发活力而设计了可供本地农家使用的路边摊铺。复合设施的一层是加入儿童游戏场、餐厅、土产商店等功能的任何人均可畅游的场所，建筑南侧与连接码头的广场成为一体，成为热闹场所；二层是面向骑行者的酒店。他们设计的组装式摊铺，可从两侧迅速搭建成型。我考虑可以马上制作一批这样的摊铺，以便在农产品与加工品产地直销活动及其他场合中使用。

思考岛内的交通方式

如何在岛内出行自如，不光对观光客，对在岛上生活的人来说，也是一个大问题。

如果想搭乘公共交通抵达大三岛，现在的普遍做法是从福山、广岛、今治等地出发，乘坐高速大巴经岛波海道上岛。不过，如果想从岛上的公交枢纽开始向前进行岛内巡回的话，除了从今治发车的大巴可以到达大山祇神社所在的宫浦地区以外，再无其他交通方式，出租车在岛上只有两辆而已。

也就是说，除了选择租用汽车或自行车外，没有别的办法。不过在岛内起伏的道路上骑车，除非是对体力有信心的人，否则并不现实。即便是乘坐出租车，从公交枢纽到伊东美术馆也要花费数千日元。如果以后可以设立哪怕仅有几个班次的岛内巡回公交专线，那么交通情况将变得十分理想。不过在这之前，首先需要我们自己在不依赖公共资源的前提下思考其他方式。

在移居至岛内的年轻人中，有人正计划着为受出行方式困扰的高龄者建立提供出行服务的网络。作为岛民间互相提供方便的免费出租车服务，如果志愿者可以达到一定数量并形成服务网络，就可以通过其自有的方式发挥作用。

如今，我正与任职雅马哈发动机株式会社设计本部的长屋明浩部长进行商谈，以探寻大三岛独有的小型机动车的可能性。雅马哈发动机作为制造机车的知名企业，还同时制造如电动自行车、高尔夫球车及汽艇等与大三岛高度亲和的产品。另外，据说他们还在积极探索完全不同于既有的汽车与机车构想的全新交通工具。

雅马哈发动机在获知大三岛的情况后，对开发一事表示有兴趣，他们以电动自行车为原型，制作了高龄者也能安心操控、可遮蔽风雨的三轮车 ——"衣动"；还制作了以高尔夫球车为原型、以"可移动的外廊"为概念的四轮车样车。2016 年 7 月 2 日举行了试乘会与媒体发布会，获得了强烈反响。因"可移动的外廊"为电动四轮车，虽然不能够在自治体许可的指定区域以外驾驶，不过将其限定在大三岛内使用仍具有实现的希望。

长屋先生表示，其一直保持着与建筑师一同工作的强烈意愿，希望可以从颠覆当今"外表靓丽的交通工具"的构想出发，探索未来机动车的可能性。

考虑到今后的社会需要，我希望小型机动车变得多样化，使个人可根据生活方式选择不同的交通工具，并自由地乘坐操控，甚至迎来自动驾驶的时代。为了达到这一目标，我认为支持着人们生活

与雅马哈发动机株式会社共同试做的小型机动车发布会时的情形

的建筑与机动车设计的相互携手并进，将是非常重要的事情。

　　如果去东南亚，可以发现如倒三轮车这样的脚踏出租车[1]等各式各样的公共交通工具，这些也成为了构成城市街区魅力的重要元素。从今往后，适应当地土地与气候、仅在当地才会出现的交通机构将会逐渐得到发展，并与提高当地魅力产生紧密联系。

[1]　此处是越南语中的称呼，专指一种一个后轮、两个前轮的特殊出租型脚踏车。

两地居住的生活方式

迄今为止，多数建筑师尝试与地方进行关联时，均流于表面。

我也曾经是这些建筑师中的一员。不过在步入本世纪后，我不得不对现代建筑的应有状态产生了怀疑，并终因"三一一大地震"这一决定性事件的发生，而确定了自己的想法。长年以来，居住在东京的我曾一度认为都市生活才是最好的选择，直到我开始思考是否有必要将目光也转向其他地域。

然而，每当谈到将东京的生活彻底抛弃并移居至地方时，又总感觉有一道难以逾越的障碍摆在面前。如同前面已经介绍过的内阁府调查结果，以及柯布西耶曾做过的一样，我想到了还有一种可供选择的方式，即在都市与地方拥有两处居所进行两种生活。

于是我通过往来于大三岛，将这一梦想变为现实。不过就我的情况而言，与其说是在大三岛还有一处住宅，不如说将其想象成大家共同生活的共享住宅可能更为贴切。与无拘无束的人们一同交谈，与众人一同创造新的生活方式，这样的生活不也是快乐的吗？

就在此时，我有机会可以与今治 FC 足球俱乐部的老板、今治·梦 SPORTS 董事长、原日本国家队主教练冈田武史[7]谈话。冈田先生将自家以及在今治租借的大房子作为共享住宅，与俱乐部的成员们在其中一起生活。

想要通过与世界足球强队的比赛，对尚未定型的少年球员实行足球教育，这一念头是冈田先生选择在今治生活的契机。最终，他因为钟意今治市的自然风土、街市规模以及人们的气质，而选择将这里作为实现其人生理想的根据地。

冈田先生向我欣喜地介绍，在他今治的家中有着宽敞的起居室，在这里可以与员工及球员一起制作料理、一起用餐、一起谈论足球话题，如同集训一样愉快地度过每天的时光。

从"都市或地方"到"都市和地方"

存在于地方的全新生活方式，其关键在于"大家在分享的同时参与行动，从而追求无利益瓜葛的纯粹交流"这一主旨。

作为现代主义象征的都市生活方式就如我在第一章中所阐述的一样，追求经济合理性，结果是人的个体意义变得支离破碎，在令人恐惧的均质环境中生活，最终沦为毫无生气的中性存在。如果想与之抗衡，体现经济合理性以外的全新价值将十分重要。为此，当地人与都市人之间的新联系不可或缺。

我希望放弃"都市或地方"的选择，转从"都市和地方"的角度出发，实践自身的生活方式。希望更加灵活地激发都市与地方各自的优势，同时加深其之间的关联性。事实上，想在都市和地方拥有两处住宅，金钱方面的压力将会十分巨大。不过最近随着 Airbnb 等网站的兴起，从网上发现、预约住宿设施，使得对空置房屋与空置房间的活用出现了新的可能。我感到，从所有与管理的束缚中解放出来，更加自由地选择自己的生存方式、生活环境以及生活状态的时代，即将席卷而来。

我认为，建筑应该是将令人们相互关联、孕育全新事物的场所
与空间具象化的存在。

本章作者注

1　TOKORO 美术馆大三岛

由慈善家所敦夫捐赠，于 2000 年开馆，是一座位于爱媛县今治市，可眺望濑户内海的群岛美景的现代雕刻美术馆。馆内展示有日本国内外艺术家的约 300 件作品。

2　今治市岩田健母与子美术馆

"今治市大三岛美术馆"的分馆。在由圆形的混凝土墙壁包裹的半室外空间中，展示有岩田健以母与子为主题创作的雕刻作品。

3　伊东建筑私塾

作为探讨街市与建筑的应有状态的教育场所，于 2011 年开校。作为私塾根据地的工作室于 2013 年在东京惠比寿地区建成。工作室是一座有着双坡屋顶的砌体结构建筑，并在室内环境的营造中活用了自然能源。私塾将主要举办面向会员与私塾学生的讲座及儿童建筑私塾等活动。

4　弗兰克·盖里

出生于加拿大，以美国为活动中心的建筑师。因充满动感的有机曲面构成的建筑作品而著名。代表作有西班牙毕尔巴鄂的"毕尔巴鄂古根海姆美术馆"与美国洛杉矶的"沃尔特·迪斯尼音乐厅"等。

5　菊竹清训（1928—2011）

日本战后建筑界代表人物之一。于上世纪 60 年代开展了日本最初的建筑·都市设计运动"新陈代谢运动"。以将日本传统导入现代建筑，并与周围环境相协调的建筑作品而著名。代表作有出云大社厅舍与江户东京博物馆等。

6　勒·柯布西耶的小屋

现代建筑大师勒·柯布西耶在晚年时为自己与妻子建造的度假小屋。用地位于法国南部地中海沿岸的马丁角。小屋是由柯布西耶自己创造的尺度体系"模数"（Modulor）构成的边长 3.6 米的正方形（约八张榻榻米）最小限度住宅。仅配备有床、桌子及嵌入式书架等最低限度的必要家具。

7 冈田武史

曾就任两届 FIFA 世界杯日本国家队主教练，日本足球界的领军人物。1998 年曾带领日本国家队首次打入法国世界杯。于 2016 年任日本足球协会（JFA）副会长。

第五章 由市民决策的市民建筑

——长野「信浓每日新闻松本总部」

令地域再生的新总部大楼

我将在本章，通过介绍地方企业总部大楼的设计过程，对由市民决策的市民建筑的可能性展开讨论。

我开始参与到信浓每日新闻（以下简称"信每"）松本总部的设计工作中，大约是在 2014 年秋季的时候。

这个项目的创新性在于，作为业主的信每与松本市民，以及作为设计方的我们，通过名为"信每新松本总部街头计划"的工作营，对如何活用这座建筑以及为此需要怎样的空间与场所，从零开始进行探讨。虽然报社是典型的民营企业，不过就其职能而言，仍然需要具备一定的公共属性。从这一点上讲，将其定义为"大家的建筑"具有一定的合理性。

信每报社在当地具有比《朝日新闻》与《读卖新闻》等全国性报纸有更高市场占有率的报社。它在长野市与松本市分别设有两处总部，这样做的原因不仅仅是为了完全覆盖长野县南北 220 公里纵深的广袤土地，还出于在灾害多发的日本，即便万一某处总部失去运转机能，也必须继续发行报纸的社会使命感。虽然位于县政府所在地的长野总部规模更大，不过因为松本总部建筑的老旧化以及远离市区等原因，报社仍决定本次优先在松本市区的中心位置建造新的总部大楼。

松本市是由以国宝松本城为中心的平民街发展而来的城市。因未受到战火波及，仍保留有开智学校等多处历史建筑。人口约 24 万，是可与长野市比肩的长野县内主要都市。

近年来，松本市作为成立于 1984 年，以世界著名指挥家小泽征尔为核心的斋藤纪念管弦乐团的公演地，而被世界所熟知。公演活动于 2015 年改名为小泽征尔松本音乐节，在今后仍然会继续举办世界级的演奏活动。

这支管弦乐团的活动据点，正是由我主持设计并于 2004 年开馆的"松本市民艺术馆"[1]。建筑由最多可容纳 1800 人的主厅与有着 288 个坐席的小厅组成，主厅的后台设置有可整体收纳的 360 个坐席，作为临时的实验剧场使用。建筑内还包含了彩排室与餐厅等完备功能。

建设计划虽然在初期曾因规模过大而受到抵制，不过因为邀请到了制作人串田和美[2]任馆长兼艺术总监，并上演了引起广泛话题的剧目，才使这里如今成为了连东京与海外观众也会到访的剧场。另外，由于被音响师们评定为"一百座优良剧场"之一，这里也成为了古典乐与歌剧迷心中的人气厅堂。顺便一提，2013 年小泽征尔

松本市民艺术馆

松本音乐节中斋藤纪念管弦乐团的录音，因获得了 2016 年格莱美的古典音乐奖项而在一时间成为话题。

信每松本总部大楼的用地，是位于距松本市民艺术馆步行十分钟左右的市区中心，处在面向由松本城延伸的主要街道本町通的绝好位置。松本市在新总部的用地周围方圆 500 米的范围内，完整涵盖了松本市政府、JR 松本站、松本城、松本市民艺术馆、松本市美术馆、中央公民馆、百货公司及其周边闹市等主要设施与区域。

实际上，位于街区周边正在规划之中的大型购物中心的建设，却令本地商店街中的人们感到惶恐不安。不过，市中心区因这座新总部大楼的建立而再度活力化，这样的效果也同样值得期待。从此意义上讲，新总部大楼是被寄予了推动报社与市民间全新关系的营造，以及地域再构筑希望的建筑，而且在我看来，这座建筑具有回应这一期盼的可能。

建成后的建筑为地上五层，总建筑面积约 8000 平方米。因建筑最上面两层的规模已足够报社总部的职能使用，于是其下方的三层空间被设计为面向市民与观光客开放的半公共设施。

市民参与的建筑方案

通常这类规模的大楼与公共设施的建设项目，在委托建筑师进行设计的阶段，已经对办公空间的面积、入口大堂与会议室的数量、所需电梯的台数等建筑物的基本方案进行了决议。作为设计方，其主要的工作反而变成了按照给定的设计条件，如解谜游戏般将办公室与会议室一一配置。通过空间构想实现对社会的提案与愿景，这一本应由建筑师发挥的最为重要的作用，却并未与其在现实中产生关联。

我在本章的开头部分已经提到，报社这一行业在作为民营企业的同时，从一开始就肩负着相当重要的公共责任。与业主交流的过程中，我感到他们所期待的，是一种被称为"非公共的公共"的全新建筑领域。

由于建筑用地位于松本市中心，业主希望可以使建筑兼具咖啡馆与餐厅等商业功能，以及报社所特有的交流功能。因此，业主有意邀请熟悉社区与商业设施的专家加入团队，并通过与市民开展的工作营对建筑的功能进行讨论。我们向业主推荐了社区设计师山崎亮[3]，而商业设施方面的专业人士，则通过山崎先生的引荐加入到团队中。于是这个项目就这样以我从未经历过的形式展开。

我在"岐阜媒体中心"的设计过程中曾感受到的是，此类工作营的重要之处，不仅在于被动听取市民们对建筑与空间的诉求，而是将市民作为主体，令其主动对自己想做的事情、对松本的期待进行彻底思考。

我们接受了市民提出的，有关仔细听取他们对空间的具体意愿，以及与其反复展开讨论的请求。随着进程的推进，原先模糊的意向在全员中逐渐形成共识并得到梳理。简言之，将市民的参与意识、主体性与自觉性激发出来，是工作营最主要的目的。工作营也在建筑意义上为市民提供了共有的时间及场所，从而使其可以通过身心直接感知自身对建筑的具体需求。

山崎先生的加入，也使我们在这次的工作营中获益匪浅。例如，我们了解到在工作营中使聚集在一起而又素昧平生的人们保持放松的方法，以便他们从一开始就可以踊跃发言；还有如何令参加者在建筑竣工后也能够积极参与其中等许多对今后具有指导作用的经验。

另一方面，建筑四层及五层的办公空间的设计，是对在其中工作的记者与销售、广告等各部门，以及都市资讯杂志职员的采访过程中取得进展的。由于这些受访者们对建筑功能的需求以及对报社的预期都进行了明确的表达，使得我们可以集中精力将这些诉求落实到建筑上。

信每新松本总部街头计划

就这样，由报社、市民、建筑师以及专业人士共同参与的"信每新松本总部街头计划"于 2015 年春季正式启动。

由于对以松本城为中心形成的景观环境持有强烈的保护意识，使得松本市有着文化气息十足的街道。另外，因当地对斋藤纪念管弦乐团的长年支持，以及市民热衷于历史研究与戏剧等活动的社会风气，使得工作营在有意义的氛围中进行。

首先，我们从信每的采编、销售、广告等各部门的年轻职员、都市资讯杂志编辑、本地建筑师以及信州大学研究生之中，共选拔出 13 名街头计划核心成员。

在随后的四月至六月期间，成员们就"在松本想做的事情"进行了街头调研，共获得了约 70 名普通市民的 250 项意见。随后，以有可能在信每总部大楼中实现，或描述出对场所的具体意向为标准，对这些一手资料进行了筛选。

其中出现频率最多的意见集中于"可以集会的广场与观光据点"这项。例如，在冬季可以集合等候的室内广场，营业至晚间的观光问询处，殷勤的接待人员，儿童在冬季也可以尽情跑动玩耍的游戏场所，情不自禁想要靠近的檐廊一样的场所等。任何人都可以自由使用的广场般的空间诉求，被大量表达出来。

意见还较多地集中于"代表当地的报社"这点。出现了市民可以轻松提供新闻素材的服务台、实时发行的街头号外、灾害时的信息发布据点等对"信每街头分局"的提案，以及报社与市民共同行动发布信息等想法，令人对松本市民的自主意识高度产生了全新认识。

"非公共的公共"的可能性

　　在街头调研之后，又举办了三次工作营，调研工作也在最后阶段以"想在新总部举办的活动、未来的报纸"为题再次展开。问询的结果聚焦在 12 个主题上："水路·历史·街边漫步"、"街区的信息发布"、"传统·商铺的介绍"、"河·绿"、"空屋"、"艺术·音乐·电影"、"儿童"、"饮食·市场"、"学生交流"、"公告牌"、"接待员"、"檐廊"。将主题提炼后，又获得了松本夜市、水边市场、街头剧场、松本 ENGAWA[1] 计划、亲水街市、水边散步、路边草木种植、街头定期演奏会、观光问询处、育儿咨询等可以马上指导设计的关键词。

　　参加工作营的人员，由本地企业的经营者与商店店主、从事非营利组织与地域活动的人士、艺术与文化从业者、大学教育相关人员及学生、报社职员、市政府与商工会议所的公职人员等约八十人组成。因参加者多样的年龄与性别构成，使得谈话内容兼具有多面性与均衡性。

[1]　"缘侧"的罗马注音，即檐廊。

经历过工作营的洗礼使我确信，如何通过建筑表现所谓"非公共的公共"，成为本次设计的关键所在。

例如，在建筑中设置既如公共设施一样收费亲民，又如民营设施一样可灵活变通的中等规模的厅堂，并在报纸上报道这里发生的故事与话题。或是设置配备常驻记者，可以与市民或观光客直接对话取材的"街头分局"。通过这些手法，或许可以获得更多新鲜的资讯。

儿童的游乐场所也同等重要。在冬季漫长而寒冷的松本，儿童每年都有几个月的时间不能在户外到处跑动玩耍。那么，建立一处可以让儿童跑跳打滚，让母亲们在一旁看护的同时也能悠闲享受茶点时光，如同公园一样的场所，将是一个不错的主意。以市民独有的朴素切实的想法为基础，进行方案设计的思路就这样被确定下来。

与工作营同时举行的，是以"在新总部想做的事情、诉求"为题，听取信每员工们的意见。对员工而言，新总部的建设意味着将面对全新的职场环境，因此我们猜测在这些人中一定会产生有别于市民的诉求。

在收到的反馈意见中，首先是对舒适的工作场所的期望。这些呼声集中表现为：有舒适的微风拂过，可远眺绿色风景，活用涌水与阳光等自然能源的大楼，即与人工管理的密室相对、可感受自然的建筑空间。这些诉求与"岐阜媒体中心"的设计条件几乎如出一辙，也使我再次认识到，这或许就是大多数日本人对亲近自然的安定环境的具体要求。

另一方面，与市民们提出的"街头分局"异曲同工的意见为，有常驻记者介绍隐藏的核心景点、与市民爽朗地进行交谈、接待新闻提供者的场所。另外，从可自由使用的画廊与工作室、可带儿童进入的咖啡馆等诉求中，能够确定的是，报社员工与市民事实上对总部大楼持有许多共同的想法。

每个建设项目在前期构思阶段，都会单纯地向着理想化的憧憬迈进，而当理念在一定程度上得到确立，转而进入到具体落实之时，时常会涌现出各式各样的不安。作为业主的报社也终于到了坐不住的阶段，指出了项目中必须慎重决策的地方。例如，虽然建立"街头分局"是很好的设想，不过分局是否真的会吸引人们的到来，并向着预设的功能发挥作用等等对设计理念的怀疑与摇摆。这种举棋不定是存在于所有建设项目中的附属产物。不过，通过工作营确定设计理念的做法虽然耗费时间与精力，但由于全体参加者可自主表达意愿，其结果对业主而言仍具有较强的说服力。从这一点看，我认为这实际上又是一种十分高效的工作方式。

工作营的情形

媒体 · 庭园

就这样，2015 年的 11 月，终于到了用建筑语汇将"信每新松本总部街头计划"的成果进行再次构筑，并对包含提案在内的概念设计进行汇报的时候。

首先，我们在设计之初设立了"办公"、"文化 · 社区"、"关于建筑物"、"广场"、"与城市的联系"、"人"、"商业"、"交通"这八个项目，并对每个项目以"必要功能"、"魅力资源"、"有会更好且希望实现"为切入点整理设计概念，并考虑如何通过建筑具体落实。

一方面希望将工作营参加者的意见一个不落地全部实现，另一方面思考着如何处理难以通过建筑实现的意见，这两者是在我与事务所的职员一同推敲方案的过程中，洋溢着的建筑设计的妙趣。

从一开始就被提出的"媒体 · 庭园"的概念，就这样获得了具体形象。那是宛如日本庭园一般，可以让人在各式各样的活动场所中回游、交流的"信息的庭园"。具体而言应具有以下特点：

实现将信息、商业、观光整合，定位于街区全新中心的"非公共的公共"功能。

　　形成绿化丰富、有清爽的和风吹拂的舒适办公环境，以节能建筑的典范示人。

　　成为融合市民自发的个体活动，令化学反应般的全新活动得以生成的城市建设据点。

　　作为地方报纸的先锋代表，展示对文化都市松本的历史保存、更新与传承。

　　建造人们即使每日到访仍可享受其中的，复合室内、室外广场，与工作室、画廊、咖啡馆、餐厅等功能的文化沙龙。

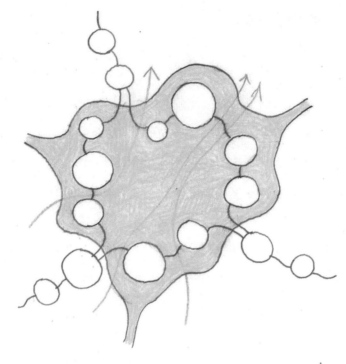

Toyo Ito
08 may 2015

"媒体·庭园"概念

建筑师的赠礼

那么，如何将这些理念以建筑的形式整合？

如同在前一章中阐述的一样，我因近期经常往来于大三岛，而再次被濑户内周边地区于 1950、1960 年代建设的公共建筑的强大魅力所折服。其中水准最高的是由丹下健三设计的香川县厅舍[4]，还有同为丹下健三作品的仓敷市厅舍与广岛和平纪念馆，以及前川国男[5]的冈山文化中心、大高正人的坂出人工土地[6]等建筑。

这些建筑与近期建筑的不同之处在于，它们身上洋溢着在战后贫困时代实现西欧现代主义公共建筑的崇高理想。这些建筑虽经历了五六十年的岁月洗礼，却未显老态，仍然威风凛凛地矗立于世间，如同象征着发誓要体现战后民主主义的坚强意志一般。

当时的日本，既没有十分充裕的资金，也没有像现在一样先进的建筑技术。然而，从这些建筑中却可以感受到克服困难、向着富裕的未来努力的希望。

在当时的公共建筑中，一定会设置广场并对公众开放。虽然时至今日，许多广场已成为了停车场，不过其仍然作为市民的场所象征着市民阶层的自豪感与主张。如同建筑师对战后重建城市的赠礼。我希望可以通过室内广场的形式，对这类建筑进行重新诠释。

在本次的信每松本总部大楼上，我以此为目标进行设计。首先需要对如何令当地民众可以更轻松地进入位于建筑一至三层、面向市民开放的"非公共的公共"部分这一课题进行深入思考。然而不可思议的是，我发现建筑的可达性并非如一般认识那样，仅凭透明玻璃幕墙就可以得到解决。

信每在长野市也拥有一座全玻璃幕墙的优美总部。不过，由于建筑的前方为停车场的缘故，建筑内部的可达性并不理想，而且办公楼的玻璃幕墙，在当下可以说是毫无亲和力的建筑外观。因此我强烈希望可以设计一座与现代的幕墙[7]建筑有所不同的大楼。

经过各种痛苦的反复思考，我最终决定在建筑的一层与二层立面处加装特别定制的GRC（玻璃纤维增强混凝土）百叶。在过去，为了遮蔽夏日的暑热，人们将用芦苇杆编制而成的苇帘子立于房屋之前，这座建筑的立面处理正是借用了这种手法。GRC材料既可以随意变换颜色与造型，又可利用预制工艺[8]对重复的构件进行大量生产。我并未将这种板材牢固地安装于建筑之上，而是考虑像临时堆放在墙边一般将其稍稍支立即可。

如此，在建筑的玻璃立面与百叶之间，形成了既非室内亦非室外的缝隙般的场所。这处空间作为半户外的中间领域，在使人更易穿行到达的同时，也为空间提供了纵深感。从建筑的内侧向外望去，百叶令玻璃立面的外部产生了有如半户外露台的印象，在充当建筑屋檐遮蔽西晒的同时，也具有调整风的气流的效果。令空间具有纵深感这一做法，还出于一个现实原因，即利用多层次的空间与造型，设计令人印象深刻的建筑。

可感受风与光的空间

　　在建筑一层面向本町通大街的西侧，是拥有小河与池塘等水景的广场。穿过 GRC 的百叶面板，从半户外露台般的空间进入建筑内部，右侧是作为新总部招牌企划的"街头分局"，左侧则为可以外带现煮咖啡与购买报纸的报亭咖啡区。在其内侧为儿童游戏区域，更深处是多用途的"街头画廊"。如此，一层成为了任何人均可当做"媒体·庭园"而自由使用的公共空间。

　　上到建筑二层，面向西侧广场有一处可以自由进出的露台，在这里可以享用外带简餐，或是阅读图书与报纸。

　　三层西侧的整个区域是大型露台，有沙发、长凳、椅子等各式各样分区。在此处可以用餐，或是一边悠闲地饮酒一边与人聊天。与露台相对的位置是"美食工作室"，在有特别需要之时可摇身一变成为烧烤区，市民亦可自带食材来这里举办美食工作营。这里与露台通过落地窗相连接，在节庆活动时可作为观众席使用。

　　四层与五层为信每松本总部。应员工们的要求，落实了可在感受风与绿色的环境中进行工作，活用自然能源以实现节能需要的建

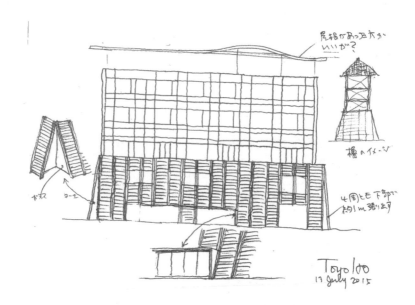

上：信浓每日新闻松本总部立面草图

下：信浓每日新闻松本总部一层内部效果图

筑方案。工作空间可大致分为两类。一类是主要作为会议室与休息室使用，可根据季节手动调整光量与风量、如同檐廊般的空间；另一类则是通过水冷暖空调系统[1]实现稳定物理环境的办公空间。

　　因为使用了玻璃划分檐廊空间与其内侧的办公空间，所以基本上不管待在哪里，都可以一边欣赏室外景色一边工作。与常年进行人工管理、具有恒定室内亮度与温度的办公空间不同，这里可切身感受自然的变化。

---

[1]　循环利用相对恒温的地下水资源，通过热交换机对水中的热能进行提取，实现夏季制冷、冬季供暖。

活用自然能源

同"岐阜媒体中心"一样，这栋建筑也以节能化为目标，导入了自然能源。其最主要的特征就是于前文中已经介绍过的，在建筑立面的一层、二层部分，支立苇帘子状的GRC百叶板。百叶板通过遮挡强烈日光，以降低建筑温度，并利用处理过的柔和自然光线，使室内保持适当亮度。另外，其营造的自然光影随时间变幻，令空间产生出动态的变化与影调。

在立面的三层以上部分，利用纵横交错安装的35厘米深木质百叶，对日光进行调节。百叶以勒·柯布西耶在位于印度与巴西等日照强烈地区的建筑中使用的遮阳板[9]为意向。另外，在立面中嵌入的可手动开启的外窗，使得将自然风导入室内进行温度调节成为可能。分布于建筑上下位置的两种立面形式，也令建筑的外观更具特色。

屋顶处设置了太阳能发电板，空调系统通过利用附近蛇川河水的水源热泵，以及地面辐射冷暖系统的组合，彻底降低了能源消耗。松本有着与岐阜极为相似的自然环境。大陆性气候与便于获得的阿尔卑斯[1]丰富水源，使得在"岐阜媒体中心"积累的经验可以在此得到充分活用。

　　在信每松本总部大楼中，楼前广场与建筑成为一体，掠过丰富的植被、小河等水景而吹进的自然风贯通建筑内部。建筑自身宛如生命体一般进行着呼吸。

---

[1]　日本阿尔卑斯山脉，由英国矿山工程师威廉姆·高兰德（William Gowland）于1881年命名，是对位于本州中部的飞驒山脉、木曾山脉、赤石山脉的总称。

信浓每日新闻松本总部立面透视图

市民建造的市民住所

新总部预计于 2018 年 4 月竣工。市民与报社职员一同参加的工作营持续了将近一年的时间，设计工作在大家对建筑穷尽各种讨论之后才被启动。我对未来这些人将如何使用我们所提案的空间表示期待。

前文已经提到，在建筑用地附近建设大型购物中心的计划，使我对市中心区域的空洞化产生忧虑。乘坐新干线时，从车窗向外望去，在不限于松本的全日本境内，到处都可以清楚地看到已落成的大型购物中心。这类集中型商业为顾客驱车前往提供条件，并将购物、餐饮、影院等娱乐设施捆绑在一起，以实现便利的使用功能。同时还充分考虑了无障碍设施以及对儿童的照顾，可以说，其作为商业设施已几乎不存在任何缺点。不过如果让我发表看法的话，我认为这些被现代主义夹带而来的现代都市缩影，正在四处散播着恶劣的影响。

到处是同样的建筑，到处是与土地的历史与文化毫无关联的店面。人们只是在重复着用金钱购买商品与娱乐的行为。在这里人们无法产生相互的联系，不过是被动地卷入到消费的循环中。当然，我十分理解居住在地方的人们对都市生活的向往，不过这并不代表为此可以放任本地文化与社区的消亡。

通过信每松本总部大楼项目，我感受到了松本的人们对街区的爱意。他们注重现存的自然与风景、建筑物与商店，以及街上微小空隙般的空间的重要性，并为了使其保持活力而提出了大量积极的想法，令我十分感动。借由与市民们一同参加工作营，我收获了各式各样依托于建筑的情感。例如，在可以感到人情温暖的空间中，一边感知周围人的存在，一边发现悠闲地度过时光或同亲友家人一起散步的价值；还有为了达成共同心愿而群策群力，即使没有回报也会带着想法与素材跑来参加活动的人们的身影。

通过这个项目，还有一点使我深信，那就是不仅限于由行政力量促成的公共设施，本地企业以"非公共的公共"的独立自尊姿态，与市民意识之间结成的共识，也会成为令地方繁荣富裕的原动力。因此我认为，不满足于享受被给予的事物，自主参加、自主思考、自主行动才是快乐的源泉。

我感到在经历了岐阜媒体中心、大三岛，以及信浓每日新闻松本总部等地方项目之后，我自身也处在了发现全新世界的境遇之中。

本章作者注

1　**松本市民艺术馆**

于 2004 年在长野县松本市对外开放的文化设施。建筑地上七层、地下两层，主剧场是具有四层坐席的马蹄形厅堂。位于三层的屋顶花园向普通民众开放。

2　**串田和美**

演员、制片人、舞台美术家。在小剧场运动兴起的 1960 年代，与佐藤信、斋藤怜、吉田日出子等人组成演出团体"自由剧场"，进行实验性舞台表演。现在活跃于歌舞伎公演的演出与电视广告等许多领域。

3　**山崎亮**

社区设计师。于全国开展支援本地人发现、解决地域课题的计划。其中以与城市建设的工作营、住民参加型综合计划为主制定的相关项目居多。

4　**香川县厅舍**

于 1958 年在香川县高松市竣工的旧本馆（现东馆）。首次以现代建筑的钢筋混凝土实现日本传统梁柱结构的建筑，从中可以发现例如通透的首层架空部分与屋顶花园等受勒·柯布西耶影响的设计。

5　**前川国男**（1905—1986）

建筑师。曾师从勒·柯布西耶与安东宁·雷蒙德（Antonin Raymond），第二次世界大战后日本现代主义建筑先驱。代表作有东京文化会馆、国立西方美术馆新馆等。

6　**坂出人工土地**

位于香川县坂出市约 4000 坪的人工都市。在面向道路的一层设置商店街、市民礼堂、停车场等功能，再于其上建造钢筋混凝土的人工地面，是从 1960 年代后半段开始持续进行了 20 年的公营住宅建设。设计者是曾在前川国男建筑事务所工作，后独立出来的建筑师大高正人，他因参加了日本最初的建筑·都市设计运动"新陈代谢运动"而被人们所熟知。

7　**幕墙** (curtain wall)

不承受建筑结构荷载、可拆卸的墙壁。

8　**预制工艺**

将事前在工厂制造的构件于现场组装、设置的工艺。

9　**遮阳板**（brise-soleil）

常见于勒·柯布西耶的建筑中，是作为日照调节装置被安装在建筑物前部的大进深百叶。

第六章 根植于历史文化的建筑

——茨城「水户市新市民会馆（暂定名）」设计竞赛

与水户艺术馆相望

在信浓每日新闻松本总部的设计方案几近完成之时，日本时隔许久终于再次以公开募集的形式举办了大规模的建筑设计竞赛。我的事务所也在决定投送方案后，迅速进入了准备阶段。

于2016年春季举办的"水户市新市民会馆（暂定名）"设计竞赛中，我的事务所被选中，成为建筑的设计方。从那时起，以五年后2021年的竣工日为目标，我与业主及水户市民进入了具体的方案调整阶段。

我希望能够在此实现的，是根植于水户的城市历史文化的建筑。我将在本章中以本次竞赛方案为例，对超越时间流逝、持续保持存在感的建筑进行阐释。

市民会馆的用地位于水户市的中心区，被夹在东西贯穿中心城区的五十号国道与矶崎新[1]设计的水户艺术馆[2]之间。这里曾建有大型商业设施，现在计划重新建设的是以可容纳2000人的剧场为中心，复合展览厅与会议室等功能的市民会馆。也就是说，新建设的水户市新市民会馆，将以一条十米路幅的街道为间隔，与矶崎新的水户艺术馆遥相呼应。

　　对我而言，自然不能无视水户艺术馆的存在而埋头设计，因此早已做好了认真呼应这座建筑的心理准备。

　　在矶崎新的艺术馆前面的巨大广场上，如同将广场环抱的建筑正面有着巨大的人工瀑布（喷水池），以及为纪念市政实施一百周年，以康斯坦丁·布朗库西（Constantin Brancusi）的《无尽柱》[3]为意向设计的 100 米高的高塔。建筑全体是参照西方历史主义样式的几何形体，具有明快的空间轴线与强烈的形式感，很好地诠释了矶崎新 1980 年代的设计风格。

　　艺术馆的用地有一半被铺有草坪的广场占据。广场可以自由穿行至建筑的各个部位，如同在水户随处可见的街景之中，突然打开缺口的公园一般，成为向人们敞开的场所。时至今日，在天气良好的时候，仍会看到有市民闲坐在草坪上，儿童充满活力地在周围跑来跑去，呈现出一派美好的场景。

　　就我的理解而言，矶崎新是在因反复拆旧建新而一直变化着的日本街市之中，富于勇气地以具有强烈形式感的西方建筑与广场，来表现艺术与建筑所具有的"永久性"，以此来表达他对当时风潮的直接批判。

　　这座建筑完成时的 1990 年代正是泡沫经济的巅峰时期，是日本悬浮于都市开发之中的时代。从水户艺术馆中，可以明确地感受到矶崎新的设计意图，就这一点而言，我认为它是一座完成度很高的建筑。

在艺术馆完成后的四分之一个世纪的今天，我希望用与21世纪的当下相称的创意，表现矶崎新在当年利用西方规制试图表现的建筑与公共空间的理想形态。

所谓的创意，即某种超越由西方文化发源的现代主义，令根植于国家与城镇的历史与文化的建筑、营造唤醒地域性的场所成为可能。

这样的表述可能会被误认为是建筑意义上的"地域主义"（regionalism）[4]，然而我所追求的并非单纯的材料与素材，而是在某一地域之中，令人们的羁绊与行为得以成立，有如无形的空间规则一般的事物。我认为这种探索才是存在于矫枉过正的现代主义对立面中的可能性。

在第五章中，我讲述了被1950、1960年代以丹下健三的香川县厅舍为代表的现代建筑所散发的现实性，以及经历时间洗礼仍不褪色的威风凛凛的气质所感动，原因是我感受到了其体现战后民主主义的坚定意志。

具体就香川县厅舍而言，丹下健三在深受勒·柯布西耶影响的同时，也通过挑战当时的混凝土技术极限，表现了在日本传统建筑的横梁中所蕴含的细腻造型。梁的设计虽然也是出于对日本多雨气

候的考虑，但丹下健三却将其升华为富有魅力的造型美学。我也有
意效仿前人，对大气的建筑表现手法进行挑战。

"水户市新市民会馆（暂定名）"效果图

水户的骄傲：拥有"橹[1]广场"的建筑

如果说矶崎新的艺术馆是散发着西方艺术气息的建筑的话，那么我希望这座水户市新市民会馆的设计，是以如同"大家的家"一样轻松、任何人都可随意到访的建筑为出发点。

我在本书中曾经提到过，"大家的家"是包括我本人在内的数名建筑师，使用当地的材料与技术，为在东日本大地震的临时住宅中居住的人们提供集会场所而设计的小型建筑。另一方面，由于这座市民会馆中设置有可容纳 2000 人规模的剧场，自然需要满足它作为公共建筑的各项要求。

为了建造对水户市民而言如同"大家的家"一样值得留恋的建筑，我们从调查水户的象征，或水户人的心灵港湾为何物开始，寻找设计思路。

---

[1]　橹，木材以井字形堆叠建造的高塔。后发展为瞭望塔、太鼓塔、箭楼等具有具体功能的构筑物，即"井楼"。于日本战国时代的城堡之中，特指在石垣上建造的各种木造建筑，后文中的"三阶橹"（天守）即为城郭之中最大的橹。

"橹广场"的效果图

提起水户，首先想到的是由德川御三家 [1] 之一的水户德川家所统治的地区。这片区域以水户城为首，有着被称为日本三大名园之一的偕乐园，被认定为国家特别历史遗迹、曾作为水户藩 [2] 藩校使用的弘道馆，以及如今已经消失的名为"三阶物见"的三阶橹 [3] 等建筑物。我们了解到，上了年纪的人们，尤其对在第二次世界大战中烧毁的三阶橹抱有很深的情结。

在了解了水户的历史文化之后，我的脑海中突然闪现出"橹广场"的概念。在观览盂兰盆舞的人群中心矗立的"橹"，也具有象征人群聚集与繁昌的意义。如果在这里举办节庆活动或跳蚤市场的话，一定会对水户市的再次复兴起到作用。

建筑的中央设有剧场，与北侧的橹广场直接相连。如果将橹广场面向水户艺术馆进行布置的话，更可以使艺术馆室外的草坪广场与半室外的橹广场融为一体。如果两座设施可以合力举办小型交响音乐会或演出，或是举行各式各样的兴趣活动，一定可以使这里成为水户市艺术文化创造与发布的全新地点。

另一方面，建筑的南侧拥有市民可在日常灵活造访的商店、展

[1] 指江户时代的德川氏之中，地位仅次于德川将军家的三大家族。其中统治水户地区的"水户德川家"为德川家康的十一男德川赖房。
[2] 江户时代对将军家直属领地以外的大名领国统称为"藩"。
[3] 受江户幕府一城一国令（大名的领地内只允许保留一座城及天守）的影响，部分天守被改称为三阶橹（实质上即天守）。三阶橹，即三层城楼之意。具体就水户城的城楼而言，虽被称为"三阶橹"，实际上其内部结构为五层。

室、休息厅等设施。由于这一侧面向水户主干道的国道，并与商业地区邻接，我希望此处可以产生提升整个街区活力的催化剂作用。由于将建筑的东、北、西侧包裹的"橹"的部分一直保持开放状态，行人可以自由穿行其中。建筑的西侧通过种植行道树的手法与水户艺术馆成为一体，同时创造出南北贯通的城市轴线。

巨柱构成的仪式空间

　　我之所以会产生"橹广场"的念头，实际上还有另外一层原因。在新国立竞技场的设计竞赛中，我们设计了由巨大的木柱阵列建构的纯白色的体育馆。我希望可以将那一方案中的"木柱"概念引入到本次设计中。

　　我从小在长野县的诹访长大，已对"诹访御柱"[1] 习以为常。日本的仪式空间需要先通过竖起的立柱得到界定，这一点在"橹"的空间之中同样适用。因此我在新国立竞技场的设计上，也希望通过巨柱的排列，象征竞技场所具有的仪式性。

　　我希望将这一成果体现于本次的水户市新市民会馆之中。在胶合木制作的柱子周围预留代燃层 5 与耐用层 6 的材料厚度，保证了火灾意外发生时，柱的内部不会受到影响。柱的表面即使历经岁月产生使用痕迹，也可以通过对其外层的打磨使之重新焕发光彩。

---

[1]　在长野县诹访大社的上社本宫、上社前宫、下社秋宫、下社春宫四处大殿的四个方向矗立的巨大神木。神木在每隔七年举行的御柱祭的时候，被从山中砍伐并经人力拖拽至此，完成巨木更换。

新国立竞技场设计竞赛方案

　　水户市新市民会馆进入正式设计阶段，我希望将超越时光荏苒的威风凛凛的建筑，以及唤醒人类本能的溯本求源的建筑作为设计目标。另外，如果这座建筑可以受到水户市民们的喜爱，令他们感到骄傲，并成为对水户这座地方都市而言如同"大家的家"一样的存在的话，我将会感到十分欣喜。

本章作者注

1　**矶崎新**

建筑师。以恢复被现代主义建筑否定的历史、装饰以及地域性的话语权为己任，被视为是兴盛于 1980 年代的后现代主义建筑的领路人。学生时代师从丹下健三。代表作有大分县立中央图书馆（现为大分艺术广场）、筑波中心大厦、洛杉矶当代艺术博物馆、奈良百年会馆等。

2　**水户艺术馆**

为纪念水户实行市政一百周年，于 1990 年在茨城县水户市开馆，是复合美术馆·音乐厅·剧场功能的现代美术设施。首任馆长为吉田秀和。高 100 米的螺旋状地标高塔，由 57 张等边三角形的钛金板材构成。其在地上 86.4 米的位置设有展望室。

3　**布朗库西的《无尽柱》**

20 世纪杰出的罗马尼亚雕塑家康斯坦丁·布朗库西的代表作品。以第一次世界大战的战死者纪念碑为立意，由铁质的算盘珠般的形体堆积而成的约 30 米高的作品。

4　**地域主义**

批判现代主义建筑的无场所性，主张发掘存于特定地域中的独特建筑的思想。芬兰建筑师阿尔瓦·阿尔托（Alvar Aalto）的建筑，可视为这一思想的代表案例。

5　**代燃层**

为确保木结构的防火性能，在满足结构荷载的截面尺寸的基础上，于其周围预留的可满足耐火极限要求的额外厚度。

6　**耐用层**

为应对发霉、伤痕、褪色等问题，在木制柱的最外层预留的可供挖削、修补的额外厚度。

第七章　大家的建筑

现代主义建筑的前行方向

从今往后，建筑的重点将变为重新关注恢复与自然的关系、恢复地域性、恢复土地固有的历史文化以及创造全新的社区等，这些都是曾被现代主义建筑轻视的事物。我通过对岐阜媒体中心、大三岛计划、信浓每日新闻松本总部、水户市新市民会馆这四个建筑项目的叙述，阐释了只有地方才可能实现这一目标的见解。

我想在最终章，就建筑师应以何种姿态来开拓超越现代主义的建筑的全新领域展开讨论。

我们这一代建筑师[1]于 1970 年前后，开始独立从事建筑活动。创造日本独有的建筑，这种气氛也是从那个时候开始逐渐形成。

也就是说，在战后的恢复期，虽然前川国男与丹下健三建造了强有力地表现战后民主主义的建筑，不过在其中仍然可以发现一些套用西方建筑的痕迹。

到了 1960 年代，日本迎来了不断攀升的经济高速增长期，从以丹下健三与黑川纪章[2]为中心的新陈代谢运动[3]开始，到东京奥林匹克、大阪世博会为止，虽然涌现出大量优秀的建筑，却仍然处在发源于西方的现代主义建筑的影响之下。

顺便值得一提的是，在经历了大阪世博会的狂欢之后，经济增长也在到达顶点之后开始回落。特别是以存在于筱原一男[4]的小型住宅中的乌托邦倾向为代表，建筑也全体向着背离都市、注重社会批判与艺术表现的创作道路上转变。

走在变革前沿的是筱原一男与矶崎新，随后在他们的感召下，我们这一代的其他人也从那时起，开始了对建筑的全新构想。在之后的日子里，我们虽然对都市的态度几经反复，却始终保持了对之前的现代建筑与社会的批判精神。如同与旧时代决裂一般，在1970年代至1980年代期间，开始了表现空间的抽象性、追求空间的透明性、引用传统建筑样式的尝试。

然而，在经过了三十年以上的时间之后，如今活跃于一线的四五十岁的建筑师们，却失去了从批判精神出发，构筑建筑的兴趣。他们的作品，与建筑相比更像是具有造型的物品，变得越来越抽象、透明、纤细、轻盈，展现出一味地追求图像化与技术极限的倾向。建筑仿佛成了为获得以上效果而存在的载体。我不禁对这样的建筑道路所能抵达的终点产生质疑。

在科学界也上演着同样的事情。以原子能的研究为例，不受约束的技术开发所导致的，是为广岛与长崎带来的原子弹爆炸的惨剧，造成大量牺牲者。这些皆源自科学家在研究过程中无视伦理与影响，只面向研究成果盲目挺进。

　　即使在建筑的世界中出现与此相同的发展轨迹，也并不会令我感到吃惊。其原因在于，我对在无限追求抽象性与透明性的建筑的彼岸，是否真的存在人们的幸福与富裕的生活表示怀疑。建筑绝非艺术。我认为必须暂停眼下的工作，从更加不同的思路出发，对建筑进行重新构筑。

构筑全新的建筑语言

直至五六年前，我本人也在一直重复追求着高度抽象的建筑与空间至上主义的建筑。不过从某一时期开始，我对这样的自己产生了反感，或者说违和感。

特别是在地方都市中与当地人就项目设计进行谈话时，因想法很难有效传达而经常陷入到尴尬的气氛中。不过当与他们一同用餐或在卡拉 OK 唱歌的时候，仅凭这些行动就可以令彼此产生默契。到底是什么原因导致了这种差异，是我当时内心反复纠结的事情。

后来我逐渐明白，原因在于我们日常使用的建筑语言，无法使非建筑专业的普通人跟上谈话的节奏。

建筑师这一职业的关键之处在于，以批判的眼光面对任何事物，并以使用建筑手法解决社会矛盾为己任。因此对我们而言，像评论家一样仅通过语言表达自己的意见是不充分的。将答案视觉化、使空间及环境成为现实，是建筑师被赋予的最基本的工作。

然而问题在于，可以描述这一答案的，除了 20 世纪的现代主义建筑以外，再无其他语言。正因为如此，必须再次构筑多样化的表达，像演歌^[1]一样的语言，遵循土地的风土气候的建筑语言，顺应生活文化的空间语言等。第一步，是尝试暂时放弃使用现代主义建筑这一语言。

举例来说，日本有着高温、高湿、多雨的风土。如果在建筑的细部下足功夫，并灵活熟练地利用自然能源的话，即便不依赖高性能断桥门窗与空调设备，也一定可以找到具有日本风格的合理舒适的建筑形态。

另外，如果有人提出"喜欢檐廊"的话，至少认真考虑一下檐廊的可能；如果业主提出"果然还是需要挑檐"的要求，至少先尝试接纳他的意见。如果对这些语言背后隐含的愿望展开思考，从这一点出发再次考虑建筑构成，一定会涌出对新的建筑形态的好奇。

从语言学的角度看，自己创造的建筑与日语的语言体系密切关联，我们需要对此牢记在心，并且有必要在当下对其进行一次深入的思考。

我在第四章中谈到有关哈佛大学设计研究生院的话题。在指导这些学生的过程中，我再次感受到的是，生活在美国的他们与生活在日本的我之间，无论如何都会存在比单纯的语言能力更深层的、在语言感受上难以整合的差别。

[1]　1960 年代中期从日本民歌中派生出的音乐类别。保留了江户时代民俗艺人唱腔，又具有流行音乐的元素。

我们使用日语进行生活。这种语言感受培养出日本人对空间的感性与感觉。比如由"摇荡"（たゆたう）、"无常"（はかない）等词语联想到的感受中，有着只有日语才可以表达的感性。反之，也有如果不使用英语就难以准确表达的概念存在。首先理解在各种语言中存在着不同的世界观一事，是十分重要的。

在日本人的身体之中，铭刻有现代化与西方化无论如何也改变不了的、历代传承的对空间的意识与感受。建筑也是从"暧昧的边界"这一与西方所不同的、日本独特的空间感受中被建造出来。我认为，这或许可以被看做是日本向世界提供的探索全新建筑的线索。

建筑师的作用

像过去一样由建筑师一人主持的自上而下的工作方式，已明显无法胜任实现全新建筑的要求。在高度复杂化与技术化的当今社会中，拥有各种知识与技能的人们为了建筑创作，在多样的价值观共存的同时共同协作，将变得十分重要。我在新国立竞技场的设计竞赛中，对这一点已有了切身体会。

现在，像我这类被称作独立建筑师的人，也开始接受在过去不愿与之合作的各类人群。其原因在于，建筑师的立场需要随着社会的变化而随时进行调整。

战后不久，在村野藤吾[5]与白井晟一[6]等人活跃的时代，有一批沉醉于总承包商的工作，被称作"村野系"与"白井系"的建筑师，他们不计成本地进行着建造作业。

虽然在我的导师菊竹清训先生活跃的二十世纪六七十年代，已经不再有这样的事情发生，不过在我们独立后的1970年代，还是有一些认真且廉价地建造小型住宅的工程公司。

话说回来，在泡沫经济崩溃的1990年代以后，社会全体开始了对经济合理性的片面追求，总承包商与工程公司也无法再靠以前的做法继续生存下去。不知何时起，有市场的独立建筑师变得任性且不知所云，沦为了被社会疏远的存在。

再次举行的新国立竞技场设计竞赛，采用了设计施工总承包[7]的竞选方式，施工方与设计者需以团队形式参加，这对独立建筑师而言可谓逆风而行。团队在达成对建设费用与建设周期的规定要求后，还需接受设计方案的评审。

我所在的团队最终由以竹中工务店为中心的三家承包商、日本设计，以及我的事务所组成。现在终于可以坦言的是，我当初认为自己对其他成员而言就是不速之客。我还就如何融入团队、如何使团队高效运转等问题进行了思索，现在看来不过是杞人忧天罢了。

虽然在项目开始之初确实持续了一段不太顺畅的关系，不过承包商与大型设计公司在设计过程中，为我一个接一个地解决了诸如控制成本、缩短工期、技术瓶颈等堆积如山的难题。在我被告知解决方案的瞬间，可以感受到在他们身上散发着的压倒性的热情与能量。

在漫长的建筑师生涯中，我从未体验过那样的集体感。

日本的独立建筑师被不断地挤压生存空间，终于踏入了不再被需要的窘境。对追求经济合理性的建筑而言，大型设计公司与承包商的设计部门，因为言听计从的服务姿态与安全安心的建筑技术等低风险因素，成为业主们的首选。

不过除了安全与高品质之外，对于触动心灵的空间，切身感受人生喜悦的建筑创作，仍需要工作伙伴间超越常规的信赖关系，以及共同拥有创造前人所未及的建筑的热情。像我这样的建筑师，可以发挥将这一瞬间激发的引擎作用，或者说除此之外再无其他用处。

在遇到瓶颈时，建筑师的存在意义受其是否具有"思想"所左右。也就是说，建筑师要在全盘接受现状与揭露现状中的矛盾，与描绘未来愿景之间，做出选择。而愿景才是创造建筑未来的原动力。对有志于建筑事业的人而言，思想的有无这一岔路，将产生重大作用。

将目光投向地方

　　在社会中存在有多样的共同体，如何对共同体中的人际关系与凝聚方式进行设计，将成为再次构筑建筑的原点。

　　至今为止，建筑评论一直将视线集中于建筑单体尺度中的建筑优劣评价。不过如果从共同体的视角出发，我认为在更加广阔的地域范围内，探讨以何种形式确定人与人之间的联系与距离的时代即将到来。

　　在"岐阜媒体中心"的设计时期，我正频繁往来于东日本大地震的受灾地，推进着灾后重建计划与"大家的家"的建设项目。我希望将这次经历中获得的经验与教训反映到今后的工作中。

　　灾后，我立即拜访了石卷市与仙台市沿岸遭受海啸侵袭地区的临时住宅，发现虽然房屋已被冲毁，但在这里生活的人们却仍然继承了原有的共同体形态。我还注意到，这里缺少一处可令住民们共同活动的场所。

　　在认识到亟待建造一处大家可以聚集的"家"一样的集会场所后，通过大批企业与个人的志愿活动，"大家的家"最终得以建成。

因并未与行政牵扯的缘故，使这处场所具有共享原始共同体形态的可能。

在如此严重的灾害发生之时，需要人们凝聚在一起相互提供帮助。为了达到此目标而提供的支援，不一定总是以大规模的完美状态呈现，像"大家的家"一样的小型计划也同样具有意义。

如果实际走访受灾地区，并与正在那里面临着艰难生活的人们见面，就会感到现代主义与所谓安全安心的都市思维是如此的空洞。对联结人与人之间的关系、在荒地之上开始经营等具体事物而言，建筑究竟可以做些什么、应该做些什么，是我们不得不思考的问题。

建筑赋予共同体具体形态

　　我在目前投入了最多精力的地方项目，是在第四章中介绍过的大三岛计划。

　　我从未对在大三岛上进行着的事业期待过经济上的回报。这些事业或许可理解为近似于志愿活动的工作。不过正因如此，才使得参加者可以从普通的工作状态中解放出来，重返自主思考、自主建造的原始建筑状态，如鱼得水般充满活力地进行作业。看着他们的身影，我切实感到了"建筑师的形象"也在随之产生变化。

　　参加者们也同样意识到了我曾在第二章中论述的资本主义的极限，十分真切地感受到超越这一极限的价值观的存在，转而寻求无法通过金钱获得的富足感。换句话说，将他们的行为理解为"赠予的行动"或许更为合适。在以物与物、物与劳动的交换为代表的旧时交流方式中寻找价值，只有可能在地方实现。事实上，抱有这种想法的年轻人已不在少数。

　　这种行动不仅为生活在大都市中的年轻人，也为地方的人们，带来了巨大的可能性。都市年轻人通过在大三岛将空置的房屋改造成为共享住宅居住，将弃耕的土地改种葡萄来酿酒等尝试，开始以全新的思路，将无人问津、即将崩坏的地方财产复活。这些并非一厢情愿地插手地方事务，而是当地人与都市人逐渐交融、缓慢产生变化的稳健工作。

实际上，光是都市的人们借用当地人的房屋这一件事，就存在大量麻烦，因为在这里并不会像在都市生活一样，可以用金钱解决各种问题。即便是在这样的状况下，志愿者们仍愿意在相互商讨之中与当地人构筑全新的关系。如此形成的共同体，既有别于仅存在于当地人之间的联系，又与都市人的共同目的型关系不同，是两者在保持微妙距离感的同时相互激励的共同体。

追问存在于当今社会中的孤独死与少子化等各式各样的问题，其症结均可归结于共同体的问题之上。这些志愿者的尝试或许可以成为解决当今日本正在面临的诸多问题的契机。

对于"岐阜媒体中心"而言，也曾有过因电子化书籍的兴起而产生的对图书馆存在必要性的争论。然而在开馆之后，每日均会迎来包括儿童与老人在内的大量到访者，特别是，人们虽没有明确的谈话意愿，却在相互保持着微妙距离感的同时，在此读书或午睡。正因为人们钟爱可以感受到人的气息、令人感到安心的空间，才会不断地来到此地。我认为同样可以将这里视为一个共同体。而相同的故事，正以更大的规模在大三岛上演。

　　以上这些都可以看做是对切断人与人之间的联系、把人们关进狭小牢笼之中的现代主义建筑潮流的反抗。面对无形的共同体，创造可切身感受人与人之间联系的、有形的场所，才是建筑在今后的重要使命。

从"大家的家"到"大家的建筑"

最近，矶崎新开始将我称为"大家的建筑师"。我试着以矶崎新式的思考方式推测，如此称呼我的原因，或许与他认为我的建筑是从"大家"这个词所象征的疑似民主主义中诞生有关。

位于受灾地的"大家的家"，其实在最初被称为"迷你媒体中心"。这样命名的理由是，我们对受灾地的探访，实际上是在延续对位于仙台的"媒体中心"的受灾调查工作。顺带一提，在与居民们进行意见交流的时候，因担心"迷你媒体中心"不能有效传达我们的意图，才将名字紧急改成了"大家的家"。

我作为 2012 年威尼斯双年展[8]日本馆的策展人，在展示"大家的家"的时候，对如何用英语恰当地表现"大家"这个词进行了很多思索。虽然最终采用了"Home-For-All"的译名，不过我仍然感到在"大家"与"all"之间，还是存在着一些微妙的差别。

在"大家"这个词背后，可以感觉到共同体的存在。大家一起、大家成为一体、大家想顺道拜访等等，即非自上而下，又非自下而上，每个人都有着不同的作用，或者将每个人的技能拼凑在一起共同达成某个目标。在自己能力所及的范围内完成可能的任务，这种意识被共同所有。我认为建筑也具有创造这种场所的可能。

例如，在岐阜媒体中心项目上，建筑师们将各自的技能汇集到一处，由"大家"共同完成了建筑的创作，实际使用建筑的则是存在于市民之中的"大家"。而大三岛项目简直成了由岛民与建筑私塾学生组成的"大家"，有对超越金钱交易的建筑赠予的实践，同时也有"大家"为了自身的利益，主动发起的活动。在松本的信浓每日新闻总部大楼项目中，通过工作营获得的"大家"的意见，被一个一个地聚积起来，推动着设计的进行，完成后的建筑也一定会成为复活松本共同体的原动力。而作为"大家"的节庆活动舞台的"橹广场"，则成为了水户市新市民会馆的建筑设计理念。

如今，我所追求的，是缩短存在于人们与被现代主义埋没的建筑之间的距离，或者说是将建筑重新归还到普通人的手中。我认为只有这样，才使建筑具有与恢复自然、继承地域性与历史文化、复活共同体产生关联的可能。

建筑必须作为能够切实感受日复一日的真实生活的场所而存在。不仅限于建筑师，令包括建造者、居住者、使用者在内的所有人与建筑产生关联，才是赋予建筑旺盛生命力的关键所在。

本章作者注

1　**我们这一代建筑师**

　　1940 年前后出生，以伊东丰雄为首的相田武文、安藤忠雄、石井和紘、石山修武、早川邦彦、长谷川逸子、六角鬼丈等第三代建筑师。桢文彦在《新建筑》杂志发表的论文中，将这些第三代建筑师们称作"和平时代的野武士"。

2　**黑川纪章**（1934—2007）

　　于 1960 年代，以二十六岁最年轻建筑师的身份，参与了新陈代谢派的成立。五十年间从始至终地提倡"共生的思想"。代表作有中银舱体大楼、国立文乐剧场、国立新美术馆等。

3　**新陈代谢运动**

　　为了适应 1960 年代的社会变化，提倡有机成长的都市与建筑理论的日本最初的建筑运动。其组织以 1960 年于日本召开的世界设计大会为契机成立。

4　**筱原一男**（1925—2006）

　　建筑师。就读于东京工业大学建筑学院，师从清家清。曾接手"未完之家"、"久我山之家"、"唐伞之家"、"白之家"等大量私人住宅项目。代表作有日本浮世绘博物馆、东京工业大学百年纪念馆等。

5　**村野藤吾**（1891—1984）

　　建筑师。作为战后现代主义的旗手而闻名。不执着于固定造型，开展了多种多样的造型表现。代表作有佳水园、广岛和平纪念堂等。

6　**白井晟一**

　　建筑师。从 1928 年起的五年时间里，在德国的海德堡大学、柏林大学学习哲学，回国后参与建筑设计工作。代表作有善照寺、NOA 大厦、亲和银行本店等。

7　**设计施工总承包**

　　在公共建设项目中，为降低成本、缩短工期，而将设计与施工整体委托给企业联合体的委托形式。

8　2012 年威尼斯双年展

主题为"在这里，建筑有可能吗？"。会场林立着从陆前高田运抵的原木，由摄影师畠山直哉的照片与人们各式各样的绘画构成。这里通过展出 120 余件由伊东丰雄与乾久美子、藤本壮介、平田晃久等年轻建筑师共同制作的"大家的家"的模型、图纸与记录影像，介绍设计的过程。日本馆于本次双年展中获得了金狮奖。

后记

　　2014 年秋，我高烧异常，动脉炎症指数上升，使我陷入到四个月住院生活的窘境之中。虽然在穷尽所有检查之后仍未发现问题，并以未确诊的状态恢复了原来的健康体魄，不过在持续进行检查的四个月里，倒是过上了远离酒精与咖啡、规律起居的正常生活。

　　突然间，我从满世界跑来跑去的状态，切换为终日在狭小的病房中度过。凌晨三点就彻底醒来，读书思考成了每日的必修课，每一天都有着在过去无法想象的充足的闲暇时光。

　　我在那段时间里思考的，是自己已经完成的建筑，与今后人生的规划。也正是在那个时候，我的事务所进行的重要建筑项目的现场施工也进入佳境。这些项目有在中国台湾进行的台中歌剧院、在墨西哥普埃布拉进行的"巴洛克·国际博物馆·普埃布拉"，以及日本国内的"大家的森林·岐阜媒体中心"与山梨大学国际文理学院等。

　　特别是台中歌剧院内有着 2000 个座位的大剧场，首次在 2014 年底仅一个月的时间内对市民开放。我一边通过手机浏览满是欢天喜地的市民的现场照片，一边在病床上独自陷入感慨。这座歌剧院自从我在 2005 年年底的设计竞赛中战胜扎哈·哈迪德以来，已经历了十年的建设时间，其艰难程度曾使我一度对竣工失去信心。建筑内部到处由三维曲面构成，令人感到宛如在洞窟中穿行。虽然在 2016 年 9 月底开业的计划被最终确定了下来，然而施工进度的一再拖延，使我认为简直可以用"奇迹"来形容它的完成。

兴奋的现场与宁静的病房之间有着巨大的落差，我对是否应结束这种"艺术性"的建筑创作而陷入沉思。因为，倾注如此大量时间与精力的工作，对我的建筑人生而言已经是不再可能实现的事情。

还有令我感到不可思议的是，我的最早期作品"中野本町住宅"，竟与台中歌剧院具有相通之处。这座小型住宅中的空间，也有如"白色的洞窟"一般。两座建筑虽有着完全不同的体量，却都具有从远处传导至近前的光线与声响这一共通点。人在建筑内有如身处"母体"之中。在间隔了大约四十年的岁月后，我的建筑人生经历了一次轮回。经此感叹，我产生了或许这种"艺术性"的建筑就此完结也未尝不是一件好事的想法。

另外同一时期，漂浮于濑户内海中央的大三岛，成了我几乎每个月都要到访的地方。大三岛由相传于推古天皇在位时期的 594 年建造的大山祇神社庇佑，是座拥有美丽风景的岛屿。今治市出乎意料地在这座岛上建立了以我命名的建筑美术馆，东京的私塾（伊东丰雄建筑私塾）学生们也以此为契机开始往来于岛上。

于是，他们将岛上的空屋改造为"大家的家"，租借弃耕的土地创建酿酒厂，就这样开始了与岛上的居民们一同进行的各式小型活动。就如同我在第四章中所描述的一样。

在"打造大三岛为日本第一宜居岛屿"的主旨下进行的活动，与在台湾建造歌剧院的工作之间，存在着巨大的鸿沟。我在病床上就这二者之间的差距进行着反复的思考，最终做出了结束艺术性作品的创作活动，将余生交付给大三岛上的小型活动的决定。

2015 年 2 月出院之后，我一边继续这些思考，一边暂时保持着平静的生活状态，然而突如其来的变故却打破了我原本的安宁。那就是安倍晋三首相将推进中的由扎哈·哈迪德设计的新国立竞技场的计划重新打回原点。虽然这座建筑因大幅超出预算而一直饱受非议，但这条新闻仍然如晴天霹雳一般。电流在我正打算安稳度日的身体中游走，使我瞬间进入激活状态。这是因为新国立竞技场的设计已使我饱尝两次惨败的滋味。我在 2013 年最初举办的设计竞赛中首次失败后，于次年提出放弃重建并改造现有体育场的主张，但如石沉大海，并在目睹旧国立竞技场拆除时，再一次体会到了败北的滋味。由于此般原委，我决定再次对重新开始的设计竞赛发起挑战。

我虽有幸与其他企业组成联合体并提交了倾注心血的方案，然而如大家所知道的一样，结果却是三战连败。

事到如今，我虽然没有为自己的失败寻找借口的意思，但令人遗憾的是，作为一名建筑师，全心全意地投入到为奥运会这一举国瞩目的重大活动所使用的场馆举行的设计竞赛中，收获到的却是不透明的评审过程，以及评委毫无诚意的评审意见。抛开胜负不谈，对提案者而言，实在是没有如此徒劳的必要。

这让我回忆起，在东日本大地震的重建工作中也发生了相同的事情。在地震发生后，我走访了受灾地，与在海啸中失去家园的人们交流，并提出了各式各样有关地区重建的方案。如同我在前一本书《那天之后的建筑》（あの日からの建築）中提到的一样，为了重建失去的城镇，我希望将地区定性为可令居民恢复活力、同时感到自豪的街道。然而现实却是，所有的城镇都必须以相同方式重建，也就是为了实现安全、安心，而要求各地按照指导手册，推行修筑防波堤、抬高土地、向高处迁移的所谓重建计划"三件套"，除此之外基本不认可其他行为。我原本以为在全面推进防波堤与公营住宅建设的同时，仍会有一些贴近居民生活的计划，然而现实却是事与愿违。

东日本大地震的重建与新国立竞技场的共同之处在于，当对象为公共主体的时候，没有人会以个人的身份现身发表意见，开放性的讨论被敬而远之。我不禁在想，日本究竟是从何时开始变成了这样面无表情的阴郁国家。

在我抱有这种想法的时候，熊本于 2016 年 4 月再次发生了地震。虽然熊本的重建还仅仅处于起步阶段，不过我感到有希望看到与东日本大地震时相比略通人情的重建工作。

熊本县（在 2016 年 8 月）预计为地震中受灾的人们建设约 4000 余座临时住宅，其中有约 600 座为木造的临时住宅。而且在这些临时居住区之中，还有约 80 座数目庞大的"大家的家"等待建设。我于东日本大地震后的五年时间里，在东北三县一共建造了 15 座"大家的家"，而在短短数月内完成 80 座，是让人有些难以相信的数字。

我认为熊本县之所以能够如此快速地着手重建工作，还有赖于蒲岛郁夫知事的坚定决心。另外，熊本县从二十八年前开始，由历任的四届知事持续推进着名为"熊本艺术建筑"（Kumamoto Artpolis）的事业。这是一项由知事任命的最高负责人推荐设计者，对以县内自治体的公共设施为主的建筑进行设计的举措。我在最近十年左右的时间里，担任着第三任最高负责人的职务。

"三一一大地震"后，作为"熊本艺术建筑"的首次县外事业，向在仙台市宫城野区建设的"大家的家"一号，提供了建设资金与木材。并于次年 2012 年阿苏地区因大雨导致的泥石流灾害发生之时，建造了 40 座木造临时住宅与两座"大家的家"。这些全部因"艺术建筑"的相关人士受到蒲岛知事坚定意志的感召才得以实现。

蒲岛知事在本次的灾后重建中，为了将受灾者的痛苦降至最低，提出了避免单纯恢复原状的"复旧"、以创造性的"复兴"为目标的倡议，发挥出巨大的领导作用。

走访已经开始入住的临时居住区就会发现，木造的临时住宅与既有的钢结构临时住宅相比，具有明显的平和受灾者心情的效果。在既有的钢结构临时住宅区域中，也采用了诸如增加住宅间距，以三栋左右的规模形成组团，在组团之间设置长椅等手法。在临时住宅之间，木造的"大家的家"随处可见，为受灾者们提供了可以聚集休憩的场所。我们还预计今后使用所募集到的捐款，在居住区中进行种植樱木、修整花坛等环境改善工作。

这类人文关怀能够迅速付诸行动，与受命于知事并精力充沛地展开行动的"熊本艺术建筑"负责人，以及作为顾问的熊本大学副教授桂英昭、九州大学副教授末广香织、神奈川大学教授曾我部昌史等人的努力，有着莫大的关系。可称为全国独有的"熊本艺术建筑"事业，在不时遭到县民批判的同时，已坚持了近三十年的时间，目睹这项事业能够对灾后重建发挥一点微末的作用，令我感慨良深。我相信"熊本艺术建筑"不光是应对临时住宅的课题，也可以为实现包括灾后重建的公营住宅在内面向未来的创造性复兴，精力十足地展开行动。

想必在今后仍然会不时发生因地震与台风等导致的重大灾害，与从前相比更加贴近人们生活的熊本重建活动，一定会成为今后有关灾害应对的典型案例，为后人提供良好参考。

　　当今的日本虽然充斥着遮遮掩掩、不予置评的官方主导的空洞行政行为，我仍然希望通过微小的建筑活动，开拓人与人紧密联系的人情社会。建筑绝非收纳的工具，也不应该成为经济的道具。为了创造与现在相比令人心情稍许舒畅的社会，建筑仍有大量的可能性等待发掘。

　　本书的出版，是原 AXIS 主编关康子与集英社的金井田亚希，在约六个月的时间里，几乎每月对我进行采访，并将我的发言整理编辑后的成果。我想对二人所做出的努力，由衷地表示感谢。

伊东丰雄

"KENCHIKU" DE NIHON WO KAERU by Toyo Ito
Copyright © Toyo Ito 2016
All rights reserved.
First published in Japan in 2016 by SHUEISHA Inc., Tokyo.
This Simplified Chinese edition published by arrangement with
Shueisha Inc., Tokyo in care of Tuttle-Mori Agency, Inc., Tokyo

图书在版编目（CIP）数据

建筑改变日本 /（日）伊东丰雄著；寇佳意译. —北京：西苑出版社，2017.5

ISBN 978-7-5151-0566-6

Ⅰ. ①建… Ⅱ. ①伊… ②寇… Ⅲ. ①建筑设计－研究－日本－现代

Ⅳ. ① TU2

中国版本图书馆 CIP 数据核字 (2017) 第 106982 号

建筑改变日本

著　　者：（日）伊东丰雄　　译　　者：寇佳意

责任编辑：康志刚　　　　　　特约编辑：苏　本

装帧设计：孙晓曦　　　　　　内文制作：龚碧函

出版发行：西苑出版社

通讯地址：北京市朝阳区和平街 11 区 37 号楼　邮政编码：100013

　　　　　电话：010-88636419　传真：010-88636419

　　　　　E-mail：xiyuanpub@163.com

印　　刷：山东鸿君杰文化发展有限公司

经　　销：全国各地新华书店

开　　本：880mm×1230mm　1/32

字　　数：70 千字

印　　张：7.25

版　　次：2017 年 5 月第 1 版

印　　次：2017 年 5 月第 1 次印刷

书　　号：ISBN 978-7-5151-0566-6

定　　价：58.00 元